# 数字<br>革命史

LA BELLE HISTOIRE<br>
DES<br>
RÉVOLUTIONS<br>
NUMÉRIQUES

[法] 亨利·利伦（Henri Lilen） 著

萨日娜 刘 薇 译

中国科学技术出版社

·北 京·

# 前　言

　　现代社会的进步伴随着深刻的技术变革。发生在 18 世纪末的第一次工业革命，以蒸汽机的诞生为标志。随后在第二次工业革命期间，人类发明了各种各样的电动机。而本书讲述的是第三次工业革命的故事，它可以追溯到 1948 年信息论的提出。数字技术一经问世，就迅速成为主导技术，带来了席卷世界的数字革命浪潮。1971 年关键电子元件——微处理器的问世，标志着全社会数字化的真正开始，人类征服太空、发明机器人和人工智能（Artificial Intelligence，AI）也从此成为可能。

　　机器人是捷克斯洛伐克作家卡雷尔·恰佩克（Karel Čapek）于 1920 年创作出来的一种假想物。20 世纪 80 年代，真正的机器人产品实现了首批工业应用。然而，机器人技术的快速发展也引起了一定程度的社会恐慌。人工智能，这一当时难以定义的概念，将人类带入了一个充满算法、未知、困惑和希望的世界。

　　20 世纪 60 年代末，美国基于数字通信技术开发了应用于军事和科研的互联网。20 世纪 90 年代，互联网迅猛发展，掀起了巨大的数字狂潮，将整个世界互联互通起来。

　　我们在此讲述的，就是这段非同寻常的数字革命史。我们按照时间的脉络，为您展开一幅幅数字技术发展的画卷，并穿插了一些有趣的小故事，以期为您带来知识和启迪。

"马克 1 号"（Mark 1）计算机，是世界上第一部万用型计算机，于 1944 年由国际商业机器公司（International Business Machines Corporation，IBM）制造并交付给哈佛大学。

维珍银河公司打造了商用太空飞船"太空船二号"（SpaceShip Two），意为游客提供零重力旅行体验。

# 目录

## 电子学 / 003

1904 开启电子纪元的二极管 / 004
1904 防止船只相撞的雷达 / 006
1906 开启电子新纪元的三极管 / 008
1911 神奇的超导体 / 010
1914 射线照相技术的革新之路 / 012
1918 反馈电路与超外差放大器的突破 / 014
　　知识链接　无线电技术拯救了埃菲尔铁塔 / 017
1923 电视的问世 / 018
1924 绘制生命节奏的心电图和脑电图 / 020
1925 晶体管的先驱 / 022
1928 录音带 / 024
　　知识链接　古人眼中的磁 / 027
1930 第一台电子显微镜 / 028
1934 调频技术与音频革新 / 030
1939 惠普——车库里的创业奇迹 / 032
　　知识链接　古希腊与电子学 / 035
1939 洞察水下的声呐技术 / 036
1940 第二次世界大战中的雷达 / 038
1941 图灵破译英格玛密码 / 040
1945 冯·诺依曼的存储程序控制 / 042
　　知识链接　史上第一位程序员 / 045
1946 人类第一台通用计算机 ENIAC / 046
　　知识链接　布莱士·帕斯卡和进制系统 / 049
　　小结 / 051

## 晶体管和激光 / 053

1947 贝尔实验室与晶体管的诞生 / 054
1947 错失良机的法国晶体管 / 056
　　知识链接　理想的 CMOS 晶体管 / 059
1947 迷人的全息图 / 060
1948 克劳德·香农提出信息论 / 062
1948 扫描电子显微镜技术快速发展 / 064
1948 控制论与自我调节系统的科学探索 / 066
1949 磁带存储的进化 / 068
　　知识链接　编程语言"巴别塔" / 071
1950 大型计算机主导的时代 / 072
1950 数字化的开始 / 074
1952 工业自动化的兴起 / 076
1953 铁氧体磁芯存储器 / 078
　　知识链接　第一批自动化装置 / 081
1954 FORTRAN——最早的高级编程语言 / 082
1954 光伏板和可再生能源 / 084
1954 微波激射器 / 086
1955 超声波及其广泛应用 / 088
　　知识链接　著名的电磁感应实验 / 091
1956 硬盘的演变 / 092
1957 用于调节光、速度和功率的晶闸管 / 094
1958 RAM——存储技术的突破 / 096
1958 起搏器 / 098
1959 集成电路 / 100
1959 平面工艺 / 102
1959 小型计算机的黄金时代 / 104
　　知识链接　曾广泛使用的 COBOL 语言 / 107
1959 费曼设想的纳米技术 / 108
1960 工业测量中的霍尔效应 / 110
1960 非凡的激光 / 112
　　知识链接　不容小觑的激光 / 115
　　小结 / 117

## 互联网 / 119

| | | |
|---|---|---|
| 1961 | 激光二极管 / 120 | |
| 1962 | 互动式电子游戏 / 122 | |
| | 知识链接　雅达利和大众化的电子游戏 / 125 | |
| 1962 | 发光二极管（LED）/ 126 | |
| 1963 | 袖珍计算器 / 128 | |
| 1963 | 运算放大器 / 130 | |
| 1968 | 液晶显示器 / 132 | |
| 1968 | 英特尔的创立 / 134 | |
| 1969 | 互联网的前世今生 / 136 | |
| | 知识链接　摩尔定律 / 139 | |
| 1969 | 用于摄影的电荷耦合器件（CCD）/ 140 | |
| 1970 | 光纤 / 142 | |
| 1970 | 珀耳帖模块和纯电子制冷 / 144 | |
| | 知识链接　扫描仪——贝兰机的后裔 / 147 | |
| 1971 | 软盘的兴衰 / 148 | |
| 1971 | 只读存储器（ROM）的演进 / 150 | |
| 1971 | 激光打印机的革命 / 152 | |
| 1971 | 从机械表到电子表 / 154 | |
| 1971 | 世界上第一台微处理器 / 156 | |
| | 知识链接　4004，是微处理器还是微控制器？ / 159 | |
| 1971 | @ 被用于电子邮件地址中 / 160 | |
| 1971 | 语音识别和声音合成技术突飞猛进 / 162 | |
| 1971 | 8 位微处理器的崛起 / 164 | |
| | 小结 / 167 | |

## 商用个人计算机 / 169

| | | |
|---|---|---|
| 1972 | 微型计算机的雏形 / 170 | |
| 1973 | 无辐射的核磁共振成像 / 172 | |
| 1973 | 第一台使用微处理器的个人计算机 / 174 | |
| 1973 | 移动电话 / 178 | |
| 1973 | 用于制造屏幕显示器的薄膜晶体管（TFT）/ 180 | |
| 1973 | 带来工业和社会剧变的机器人技术 / 182 | |
| | 知识链接　谁提出的"机器人"一词？ / 185 | |
| 1974 | 智能卡 / 186 | |
| 1974 | 智能卡之父罗兰·莫雷诺 / 188 | |
| 1975 | 摩托罗拉——英特尔的劲敌 / 190 | |
| 1975 | 美国的第一台微型计算机 / 192 | |
| 1975 | 微软 / 194 | |
| | 知识链接　MOS 科技公司横空出世 / 197 | |
| 1976 | 微处理器 / 198 | |
| 1977 | 磁泡存储器和奥氏存储器 / 200 | |
| 1977 | 苹果公司 / 202 | |
| | 知识链接　谁发明了图形用户界面和鼠标？ / 205 | |
| 1979 | 英国的微型计算机浪潮 / 206 | |
| 1979 | 满足用户不同需求的可配置电路 / 208 | |
| 1979 | 办公软件的发展 / 210 | |
| 1981 | "梯队系统"——全球间谍网络 / 212 | |
| 1981 | 看得到原子的隧道显微镜 / 214 | |
| | 知识链接　原子论继承者伊壁鸠鲁 / 217 | |
| 1981 | IBM 推出第一台个人计算机 / 218 | |
| 1981 | 用于通信的调制解调器 / 220 | |
| 1983 | 等离子体在工业生产和显示器制造中的应用 / 222 | |
| | 知识链接　互联网服务提供商和他们的价格战 / 225 | |
| 1983 | "星球大战"中的激光 / 226 | |
| 1984 | 多种类型的闪存 / 228 | |
| 1985 | Windows 操作系统 / 230 | |
| 1985 | CD-ROM 的发明 / 232 | |

1986 网络攻击的出现 / 234

知识链接 黑客和网络犯罪 / 237

1987 第一个可移动硬盘 / 238

1989 触摸式平板电脑 / 240

1990 大屏幕视频投影仪 / 242

知识链接 3D 电视 / 245

1991 万维网 / 246

1991 从 Unix 到 Linux 操作系统 / 248

1991 引领新技术革命的纳米技术和纳米管 / 250

知识链接 未来的晶体管 / 253

1993 改变人们阅读习惯的电子书 / 254

1994 亚马逊——电商之王 / 256

1995 eBay——领先的拍卖网站 / 258

1995 DVD 和蓝光——高容量光盘 / 260

1996 比 LED 更先进的 AMOLED 和 OLED

技术 / 262

1997 Wi-Fi / 264

知识链接 从锂离子电池到锂聚合物

电池 / 267

1997 博客 / 268

1998 短距离连接设备的蓝牙 / 270

1998 U 盘 / 272

1998 谷歌帝国 / 274

1999 非对称数字用户线路加速连接互联网 / 276

1999 智能手机 / 278

知识链接 对石油销售构成威胁的燃料

电池 / 281

小结 / 283

2000 固态硬盘（SSD）取代机械硬盘 / 286

2001 无人机——从战场到日常生活的广泛应用 / 288

2001 维基百科——电子百科全书 / 290

2002 暗网——互联网阴影下的隐秘世界 / 292

2003 隐写术——数据隐匿的艺术 / 294

知识链接 能使设备陷入瘫痪的电磁炸弹 / 297

2004 社交网络现象 / 298

2004 Facebook——领先的社交网络 / 300

2005 让人喜忧参半的人工智能 / 302

2005 YouTube——将全世界汇聚起来的视频网站 / 304

2006 Twitter 和微博客 / 306

知识链接 Le Bon coin——法国人的信息网站 / 309

2007 安卓与 iOS 系统 / 310

2008 欧洲的伽利略卫星导航系统 / 312

2009 比特币——首个加密货币 / 314

2010 三星电子——韩国科技巨头的崛起 / 316

知识链接 法国蓬勃发展的电子商务 / 319

2010 神奇的 3D 打印 / 320

2010 "优步化"——优步对全社会的影响 / 322

2011 云计算与云服务 / 324

2012 深度学习与机器学习 / 326

2015 非凡的虚拟现实技术 / 328

知识链接 越来越受到关注的空间天气 / 331

2015 人脸识别技术——走进广泛应用的时代 / 332

2015 中国制造引领潮流 / 334

2017 种类繁多的家庭机器人 / 336

2017 增强现实和混合现实 / 338

2018 自动驾驶汽车 / 340

2018 智能音箱——智能化的必经之路？/ 342

知识链接 能模仿人类对话的聊天机器人 / 345

2018 埃隆·马斯克和他的 SpaceX / 346

2021 虚拟现实与元宇宙 / 348

2022 北斗卫星导航系统 / 350

2023 大语言模型与生成式人工智能 / 352

2024 人工智能芯片与算力 / 354

小结 / 357

结语 / 359

图片来源 / 361

译者后记 / 365

耶鲁大学拜内克古籍善本图书馆（Beinecke Rare Book and Manuscript Library），位于美国纽黑文市（City of New Haven）。

人类对电的探索起初是实验性的，科学家的认知几乎只来源于实验室中的观察和实验数据。一些科学发现甚至可以说是机会和运气的结果，比如艾萨克·牛顿（Isaac Newton）因看到掉落的苹果而发现了万有引力（至少传说如此），汉斯·克里斯蒂安·奥斯特（Hans Christian Oersted）发现了电流磁效应，威廉·康拉德·伦琴（Wilhelm Conrad Roentgen）发现了 X 射线，这是偶然的意外发现。然而，努力也同样重要，正如路易·巴斯德（Louis Pasteur）在 1854 年的演讲中所强调的，"机会只偏爱有准备的头脑"。

在这些前奏之后，电子学时代随着二极管的发明而正式拉开序幕。这项发明奠定了无线通信技术的基础，并在长达半个世纪中成为电子学的主导力量，在发挥优势的同时也显露出一些弊端。但其初期应用问世之时，用"惊艳登场"来形容也毫不过分。

# 电子学

# 开启电子纪元的二极管

　　1904 年问世的二极管，开启了电子时代的大门。它由英国科学家约翰·安布罗斯·弗莱明（John Ambrose Fleming）爵士发明。他也是世界上第一个应用爱迪生效应（灯丝在真空中加热会发射电子）发明电子管的人。

　　弗莱明发现，如果向二极管的阴极灯丝施加交流电，阳极只能单向导电，电流方向不会改变。因此，二极管系统起了整流器的作用。

　　弗莱明把他发明的装置称为"振荡阀"，后来被人们叫作"弗莱明阀"，最终被称为"二极管"。这是因为它的真空灯泡中包含阴阳两个电极，阴极加热时激发出电子云，随后在电场的作用下向阳极移动。

　　弗莱明还发现，用作阳极的接收平面可以用环绕阴极的圆柱体代替，以得到最大数量的电子。

　　二极管的整流功能带来了一系列的重要应用，例如，交流电转换为直流电、检测无线电波，等等。几十年来，二极管还作为重要元件，广泛应用于无线电和雷达领域。

　　然而，由于二极管造价高昂，其起步十分艰难。早期的无线收音机还是放弃了二极管，选择了天然矿石作为检波器。但之后，随着成本越来越低，各种各样的二极管产品被生产出来并投入使用，直到半导体技术出现，二极管逐渐被取代。

**矿石检波器**

矿石检波器依据的是半导体原理，用来检测天线接收的无线电波。但在开始使用它时，人们尚不清楚整流效应这一原理。1874 年，卡尔·费迪南德·布劳恩（Karl Ferdinand Braun）揭示了方铅矿等特定晶体的检波特性，后来他还发明了阴极射线管，并于 1909 年获得诺贝尔物理学奖。

弗莱明发明的二极管。

# 防止船只相撞的雷达

雷达是"RADAR"的音译，全称是 Radio Detection And Ranging（无线电侦察和测距）。雷达的历史可追溯到 1904 年，德国人克里斯蒂安·赫尔斯迈尔（Christian Hülsmeyer）观察到了电磁波在被动物体[1]上的反射现象，即莱茵河上的船只经过时引起的遮蔽和反射效应。

1936 年，法国无线电报总公司在"诺曼底"号邮轮上安装了一台冰山探测器。这是第一次在船上配备分米波雷达，以避免再次上演 1912 年"泰坦尼克"号首航的悲剧。

20 世纪 30 年代初，法国国家无线电实验室的皮埃尔·戴维（Pierre David）测试并开发了一个类似的系统——戴维雷达站，该系统于 1934 年在法国勒布尔热市成功探测了约 10 千米范围内的飞机情报。

法国无线电报总公司与科学家莫里斯·蓬特（Maurice Ponte）、卡米耶·居东（Camille Gutton）和埃米尔·吉拉尔多（Émile Girardeau）合作，积极投入雷达研发，并于 1934 年 7 月 20 日申请了"障碍物探测新系统及其应用"法国专利。该系统使用 16 厘米的短波，它随后被安装在"诺曼底"号上。

与此同时，德国专注研究 50 厘米的波段。1934 年，德国研发的 Gema 系统能够探测到 10 千米以外的船只。

德国当时拥有 2 部对空雷达，包括能够探测 120 千米外飞机的远程警戒雷达"弗雷亚"和防空雷达"维尔茨堡"。但在第二次世界大战爆发之前，它们还没有得到大规模生产。

英国人罗伯特·沃特森 - 瓦特（Robert Watson-Watt）成功开发了远程雷达，这一发明在第二次世界大战中发挥了决定性的作用。

**磁控管**

雷达使用的电磁波属于微波范围，波长范围从 30 厘米（对应频率 1GHz）到 1 毫米（对应频率 300GHz）。通常情况下，用来产生微波的部件是磁控管，有时也使用速调管。然而，微波最流行的应用当属 20 世纪 40 年代问世的微波炉。其工作原理在于利用磁控管产生的微波使水分子快速振动，从而加热和烹调食物。

**另请参阅**
▶ 第二次世界大战中的雷达，第 38 — 39 页

---

[1]　被动物体是指不主动发射信号或能量的物体。——译者注

探测雷达。

# 开启电子新纪元的
# 三极管

美国发明家李·德·福雷斯特（Lee De Forest）灵机一动，在弗莱明二极管的阴阳金属电极之间插入了第三个网格状的栅极。他的灵感部分源自德国科学家菲利普·莱纳德（Philipp Lenard）的设想，莱纳德于1905年获得诺贝尔物理学奖。

栅极是由金属栅丝构成的相当松散的网格，将其加入二极管后，德·福雷斯特惊喜地发现，只要施加的电压稍有变化，就能影响穿过二极管的电流的大小。他将这种真空管叫作"奥迪恩管"，它的放大功能将电子技术带入了一个新时代。1912年，W.H. 埃克尔斯（W. H. Eccles）将其重新命名为"三极管"。

万事开头难。1906年，德·福雷斯特甚至为交纳15美元的专利申请费都得四处筹集。随后，他进入《联邦电讯报》（Federal Telegraph）工作。正是在这里，由他发明的奥迪恩管被用作电话中继器，实现了在纽约两栋大楼之间的无线电话通信。后来，德·福雷斯特前往欧洲寻求支持和资助。在居斯塔夫·费里埃（Gustave Ferrié）上尉的许可下，他借助埃菲尔铁塔进行无线电广播试验。这标志着三极管的第一个重要现实应用。

然而，德·福雷斯特最著名的演示，当属1910年1月13日在纽约大都会歌剧院成功地利用三极管将演出歌声实时传输到家中，从而使其一举成名。

1916年，德·福雷斯特改进了奥迪恩管，调试了最重要的功能之一——振荡，并在纽约市开始了一系列无线电广播试验。

在德·福雷斯特生命的暮年，他为法国著名杂志《工业电子》（Électronique Industrielle）的首刊撰写了序言。该杂志由尤金·艾斯贝格创办，旨在推广广播技术。

**整流器、放大器、调制器和振荡器**

三极管同二极管一样，具备检测电流的功能，区别在于它可以实现电流的放大、调制、振荡和反馈（振荡后实现进一步放大效果的操作）。三极管的栅极对电流的控制，在某种程度上与水龙头控制水流的作用相似。而且，三极管在执行这些操作时只需要消耗很少的能量。

1906 年
三极管

1911 年
超导体

1914 年
射线照相技术

# 神奇的超导体

超导体是一类特殊的导电材料，其电阻在温度降到一定值时阻值几乎为零，展现出非凡的超导特性。流经超导体的电流将可以无损耗地持续流动。

这种特殊的现象被应用到了一些意想不到的领域。超导体最早被用于电力运输、变压器和电机的性能改良及电路保护。随后，又被用于超敏感探测头、医疗成像系统、磁封闭技术，以及神奇的磁悬浮技术。例如，日本研发的磁悬浮列车可以在轨道上悬浮行驶，就是依托于超导体的抗磁性。这种列车由单轨列车搭载超导线圈组成，利用高达数千安培的电流制造强大的磁场，使列车得以悬浮在轨道上方。日本铁路公司下属的铁道综合技术研究所对该列车进行了测试，已经开发了 40 千米的试验线路。2015 年，研究使用的原型车行驶速度高达 603 千米 / 小时。而早在 1967 年，IBM 就开始投资了超导计算的相关研发，旨在将其超导特性应用到计算机技术中，以提高运算速度。

最先发现超导现象的是荷兰莱顿大学的海克·卡末林·昂内斯（Heike Kamerlingh Onnes），他在 1911 年通过液氦制造超低温环境，发现汞在该环境中电阻几乎降为零。昂内斯和盖尔德·霍尔斯特（Gerd Holst）进一步研究确定，汞在温度低于 4.2K 时成为超导体，电阻突然降为零。昂内斯因此荣获了 1913 年的诺贝尔物理学奖。这里的温度单位 K 指开尔文，是热力学温度单位，以绝对零度为计算起点，即 –273.15℃ =0K。它是由威廉·汤姆森（William Thomson），也称开尔文勋爵（Lord Kelvin）提出的。

超导理论的发展经历了一个漫长的过程。早期的探索包括德国物理学家伦敦兄弟（frères London）、苏联学者彼得·卡皮查（Piotr Kapitza）、列夫·朗道（Lev Landau）和维塔利·金兹堡（Vitali Ginzburg）在 20 世纪 30 年代至 50 年代的工作。1957 年，美国科学家约翰·巴丁（John Bardeen）、利昂·库珀（Leon Cooper）和约翰·罗伯特·施里弗（John Robert Schrieffer）首次为超导现象提供了理论解释，这标志着超导理论的正式创立，他们也因这一成就获得了 1972 年诺贝尔物理学奖。

2015 年在日本山梨县进行测试的磁悬浮列车。

如果在超导体上方放置磁
铁，超导体会排斥磁场，
使得磁体悬浮在超导体
上方。

1911 年
超导体

1914 年
射线照相技术

1918 年
超外差

# 射线照相技术的革新之路

X 射线于 19 世纪末由德国物理学家威廉·康拉德·伦琴（Wilhelm Conrad Roentgen）发现的。1895 年，他在进行电学实验时使用了克鲁克斯管——最早的射线管之一，该管由英国物理学家威廉·克鲁克斯（William Crookes）发明的。伦琴偶然将手放在通电的放电管前时，结果惊讶地看到了自己的手骨。他随即在装置后面放了一张相纸，用照片记录下了这种"射线"。

伦琴把这种完全未知的神秘射线叫作 X 射线，射线照相技术从此诞生了。

第一次世界大战期间，两次诺贝尔奖得主玛丽·居里（Marie Curie）开创性地提供了军队放射医疗服务。配有放射性设备的汽车开上战场。在居里夫人的指导下，军医为士兵们进行了 100 多万次放射性检查。这是射线照相技术首次应用于战争。

射线照相技术不断发展并取得许多成果，直到计算图像数字处理带来了新一轮的技术革命。1972 年，美国人艾伦·M. 科马克（Alan M. Cormack）和英国人戈弗雷·N. 豪恩斯弗尔德（Godfrey N. Hounsfield）发明了 CAT 扫描仪，即计算机 X 射线轴向分层造影扫描仪。基于这一工作，两人共同获得了 1979 年的诺贝尔生理学或医学奖。

戈弗雷·N. 豪恩斯弗尔德在第二次世界大战期间曾是英国皇家空军的一名雷达电气专家。他预见到了实现 CAT 技术的可能性，这是一种将 X 射线辐射与计算机耦合的放射线成像系统，它可以解读接收到的信号并将其转化为二维图像。

艾伦·科马克出生于南非约翰内斯堡，自 1956 年开始对 CAT 技术产生兴趣。他在研究中阐明了计算机扫描断层成像的原理，从理论上解释了如何从多个角度对同一部位进行断面扫描，进而得到更精细的影像。

某医院 X 射线成像室，约 2000 年拍摄。

**另请参阅**
▶ 核磁共振成像，
　第 172—173 页

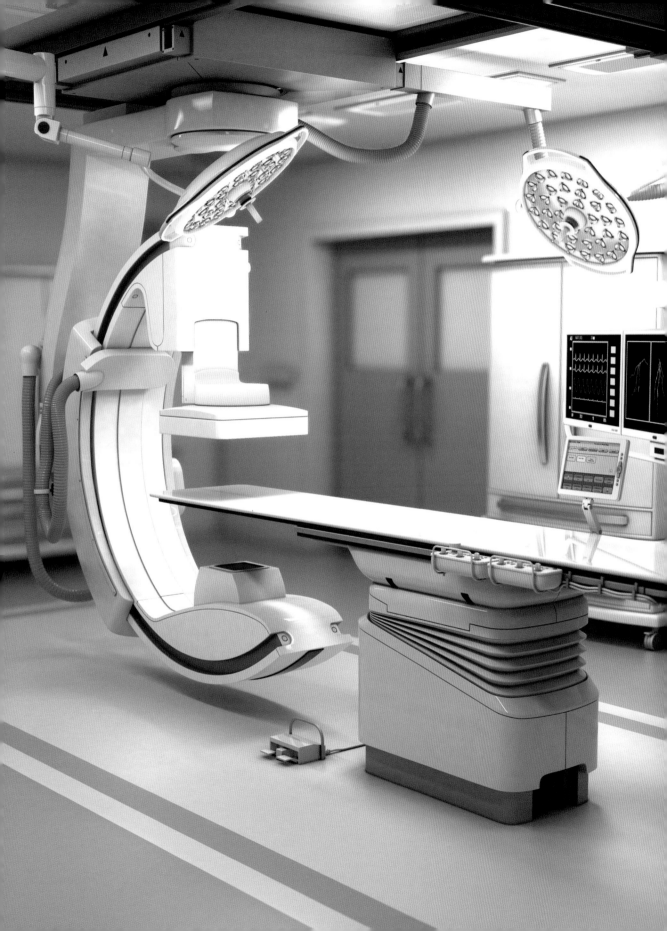

# 反馈电路与超外差放大器的突破

第一批无线电接收机存在灵敏度极低的问题。如果直接放大信号，虽然保持了保真度，但放大效果十分有限。反馈电路是提高灵敏度的第一个办法。反馈系统可以将放大器输出信号的一部分回收到输入端，再次放大有效信号，从而提高放大率。

反馈电路的发明者是美国人埃德温·霍华德·阿姆斯特朗（Edwin Howard Armstrong），他是一位才华横溢的工程师，并且在哥伦比亚大学担任教授。1912 年，他发现了三极管的放大和振荡功能，并在 1913 年申请了"振荡电路"专利，后于 1914 年将其授权给马可尼公司。这项专利日后受到了德·福雷斯特的挑战，他宣称振荡电路是他的构想，一场专利大战由此展开。

1918 年随美国军队来到欧洲后，阿姆斯特朗继续研究无线电在美国军事领域的应用。他发现了另一种大大增加接收机灵敏度的方法——超外差法。无论接收机收到的是短波、中波还是长波，都首先转换成一个固定的中间值频率，称为"中间频率"（Intermediate Frequency，IF，下文简称"中频"），然后再经过本地振荡器混频处理。这样一来，不论接收到的电台频率如何，这个中频信号都可以通过只需设置一次的调频电路被轻松地放大。

由于超外差电路具有明显优势，很快成为电路的主流设计。但是，从时间上来说，超外差电路最早是由法国人吕西安·莱维（Lucien Lévy）发明的，他在 1917 年和 1918 年申请了两项相关专利。1928 年，哥伦比亚特区法院裁定，莱维的这两项专利申请优先于阿姆斯特朗。

**吕西安·莱维**

1916 年，吕西安·莱维开始在埃菲尔铁塔上装载第一个具有广播用途的强力发射器（功率为 1.5 千瓦）。1917 年，他申请了第 493660 号专利，该专利奠定了超外差组件的基础。吕西安·莱维还制造了第一个使用电子管的飞机接收器，以及第一个安装在汽车上的电台。1926 年 3 月，莱维成立了 LL 无线电公司。同年，该公司和杜克雷特公司几乎同时推出了基于频率变化原理的创新设备。

1934 年，LL 无线电公司生产的超外差接收机。

# 无线电技术拯救了埃菲尔铁塔

　　尽管这听起来难以置信，但埃菲尔铁塔在 20 世纪是被无线电技术拯救的。在埃菲尔铁塔建造之初遭遇了一些非议和批评，一些人认为这座离经叛道的建筑有损巴黎市容。故事便这样展开了。

　　法国实业家兼科学家尤金·杜克雷特（Eugène Ducretet）创建了一个精密仪器制造车间，自 1864 年起为物理学家和研究人员打造当时最尖端、复杂的仪器。作为一名优秀的科研人员，杜克雷特成功复现了许多物理学家的实验。1897 年，他在位于巴黎的实验室附近成功地实现了无线电传输。1898 年，他进一步在相距 4000 米的埃菲尔铁塔和先贤祠之间，进行了一次无线电通信的公开演示。到了 1903 年，他提议在埃菲尔铁塔顶部安装天线。

　　法国陆军通信负责人居斯塔夫·费里埃上尉极具远见，认识到无线电通信的巨大潜力，积极推动发展无线电技术。居斯塔夫·埃菲尔慷慨解囊，为第一台发射机支付了费用。埃菲尔铁塔就这样被拯救了。

从空中俯瞰塞纳河和埃菲尔铁塔，摄于 1889 年。

017

# 电视的问世

　　"电视"一词最早出现在 1900 年巴黎国际电气大会，由圣彼得堡炮兵学校的康斯坦丁·佩尔斯基（Constantin Perski）上尉首次提出。但电视的概念并不陌生：早在 1884 年，法国科幻作家阿尔伯特·罗比达（Albert Robida）便构思了"电话镜"；1889 年，儒勒·凡尔纳（Jules Verne）也预言了能传输图像的"录像镜"。

　　电视从概念走进现实是在 1923 年，美国发明家弗拉基米尔·兹沃里金（Vladimir Zworykin）发明了一种基础的光电摄像管，它能像视网膜一样快速成像。这种光电摄像管的主要部件包括阴极射线管和与之相连的光电导体。紧接着，他又制造了一个图像可视化管，即电子显像管。摄像管和显像管集于一体，便成了他在 1929 年演示的第一台电视接收机。

　　1924 年，苏格兰工程师约翰·洛吉·贝尔德（John Logie Baird）开发了一种机械式电视。第二年，他在伦敦的塞尔弗里奇商店进行了著名的公开演示，向公众展示了动态的电视图像。

　　1923 年，英国 EMI 公司启动了一项电子式电视的研究计划，组建了以艾萨克·舍恩伯格（Isaac Schönberg）和艾伦·D. 布鲁姆莱茵（Alan D. Blumlein）为核心的优秀团队。在兹沃里金显像管的技术基础上，EMI 公司开发了自己的阴极射线管。1933 年，英国广播公司收购了 EMI 技术公司的电视设备，并一直使用到 1937 年。

　　与兹沃里金一样，美国科学家菲洛·泰勒·法恩斯沃思（Philo Taylor Farnsworth）也采用阴极射线管显像。在他的大幅度改进下，一种新的显像管诞生了，他称之为图像解剖器。

　　电视的普及这才真正开始。1935 年 4 月 26 日，在法国邮政和通信部部长乔治·曼德尔（Georges Mandel）的主持下，法国进行了首次正式的电视广播。而美国直到 1941 年才播出了第一则电视广告。

**弗拉基米尔·兹沃里金**

弗拉基米尔·兹沃里金担任美国无线电公司的研究主任后，改进了摄像管，并开发了扫描屏幕。1939 年，他带着自己组装的电视在纽约世界贸易博览会上进行了一次精彩的公开演示。

**另请参阅**
▶ 液晶显示器，第 132—133 页
▶ 3D 电视，第 244—245 页

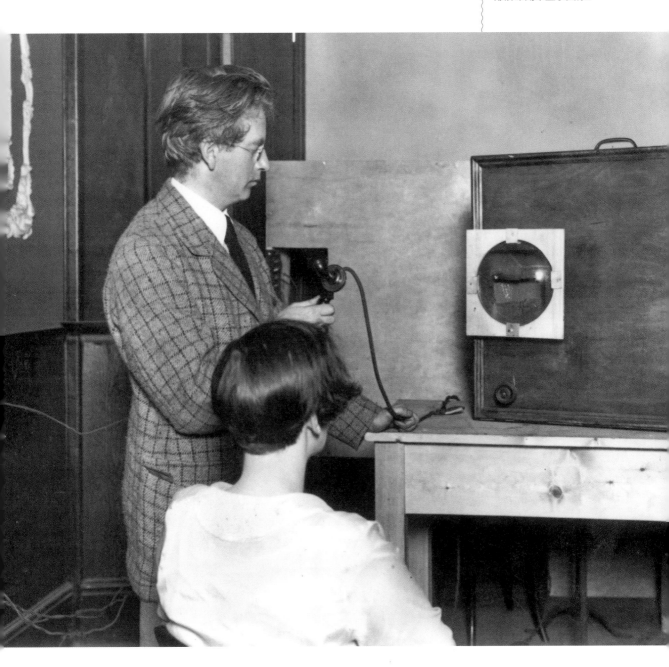

1926 年 7 月，约翰·洛吉·贝尔德正在展示他的电视。贝尔德通过电话指挥助手做动作，对面的圆形屏幕用来显示图像。

# 绘制生命节奏的心电图和脑电图

　　心电图（electrocardiogram，ECG）是使用体表导联电极检测记录心脏活动产生的生物电得到的电动势变化图。心电图的应用极为普遍，可以说是家喻户晓。

　　心电图的发明归功于荷兰生理学家威廉·埃因托芬（Willem Einthoven）。1901 年，他发明了弦线式电流计这一装置，能够测量由于心肌收缩而产生的电势变化，并以图形方式记录下来。1903 年，埃因托芬用这种新型电流计记录了世界上第一张心电图。随后，埃因托芬又记录了大量健康和患病心脏的数据，以完善设备的精确性，促进人类了解心脏这一重要器官。鉴于他在心电图与测量装置方面做出的巨大贡献，埃因托芬于 1924 年获得诺贝尔生理学或医学奖。

　　脑电图（electroencephalogram，EEG）是通过连接头皮的传感器记录下来的大脑活动图形。1924 年，德国精神病学家贝格尔（Hans Berger）应用威廉·埃因托芬开发的弦线电流计，成功记录了首张人类脑电图。随后，该研究结果于 1929 年发表。他还第一个发现了脑电活动的两种主要波形模式：α 波和 β 波。脑电设备于 1935 年开始正式投入使用。英国科学家埃德加·道格拉斯·阿德里安（Edgar Douglas Adrian）接手并继续贝格尔的工作，并于 1932 年获得诺贝尔生理学或医学奖。

　　1940 年以后，电子学得到了迅速发展，心电图仪器等电子设备变得性能更强大、体积更小、效率更高。

**医疗领域的技术突破**

现代医疗广泛利用了各种电子技术，尤其是计算机技术。例如，用于监测的示波器，用于超声检查的超声波，用于内窥镜的光纤和传感器，用于手术的激光和先进自动装置，还有精妙的医学成像技术。

**另请参阅**

▶ 起搏器，第 98—99 页

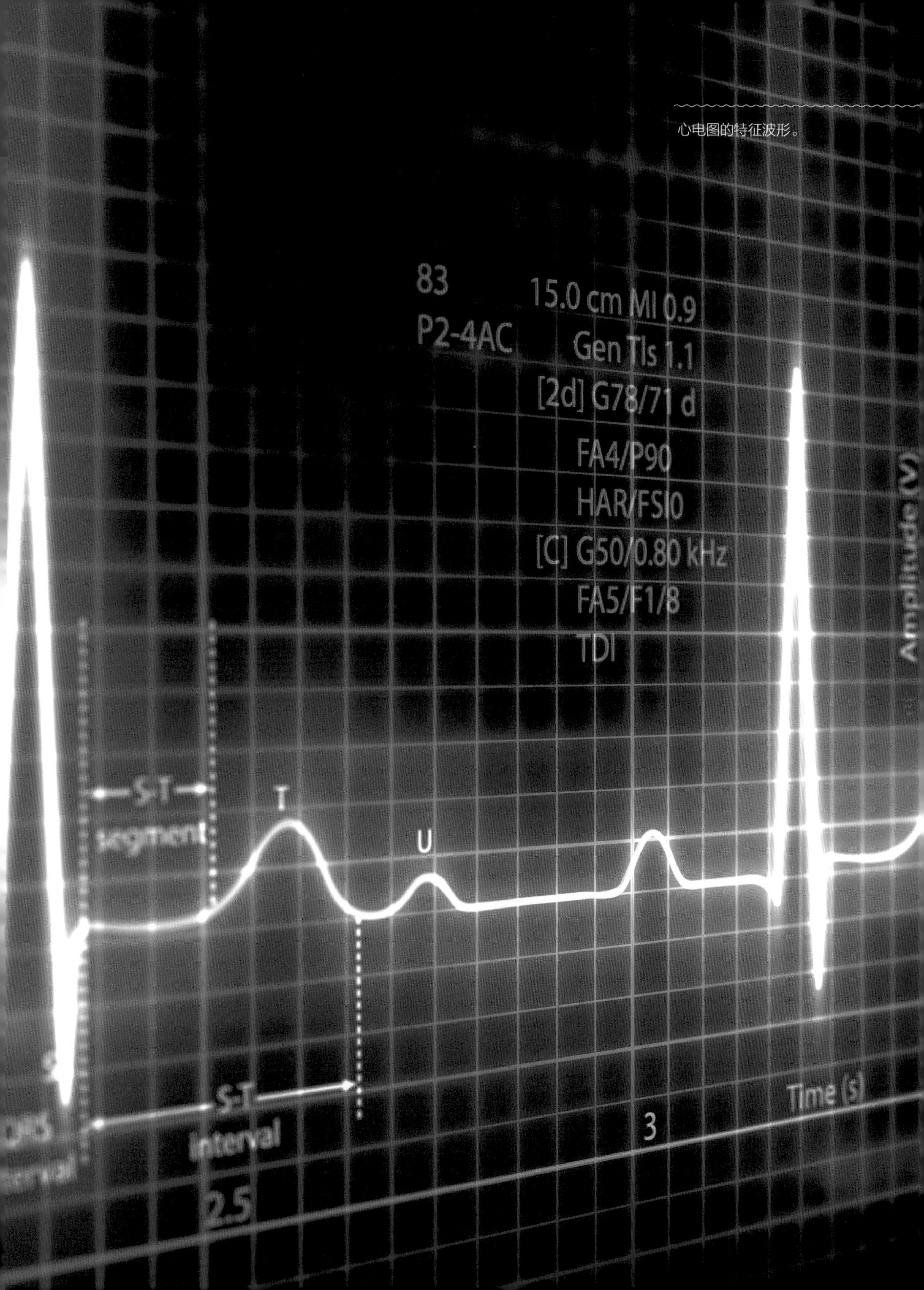

心电图的特征波形。

83
P2-4AC

15.0 cm MI 0.9
Gen Tls 1.1
[2d] G78/71 d
FA4/P90
HAR/FSI0
[C] G50/0.80 kHz
FA5/F1/8
TDI

Amplitude (V)

S-T
segment

T

U

S-T
Interval

3

Time (s)

2.5

1924 年
心电图和脑电图

1925 年
晶体管

1928 年
录音带

# 晶体管的先驱

第一个晶体管制造于 1948 年，但晶体管的发明历史最早可以追溯到 1925 年。一位富有远见的天才，德国科学家尤利乌斯·埃德加·利林菲尔德（Julius Edgar Lilienfeld）为其基于晶体管原理的装置申请了专利。他曾在莱比锡大学工作，后来为逃避纳粹迫害而移居美国。

1925—1930 年，利林菲尔德研究了如今被称为场效应晶体管的半导体器件，它们可以通过调整静电场的电势来控制薄膜中的电流。他为此申请了专利。

1932 年，利林菲尔德进一步提出了 NPPN 和 PNNP 晶体管结构，并设计了由铜和铝氧化物制成的 NPN 晶体管，其中字母 P 和 N 分别代表正极和负极。后来一些物理学家证实，利林菲尔德设计的结构确实能够实现信号放大效果。然而，他当时使用的具体制造方法仍然不为人知。

此后，利林菲尔德在马萨诸塞州的阿姆雷德公司（Amrad）从事电解电容器的研究，并接管了公司的部分实验室，创建了 Ergon 实验室。他还拥有第一个固态电容器的专利。作为一个建树颇丰的发明家，他的奇思妙想和发明应用数不胜数。

在利林菲尔德之前，还有一位苏联研究员奥列格·弗拉基米罗维奇·洛舍夫（Oleg Vladimirovich Lossev）也从事晶体管研究。他在下诺夫哥罗德（Nijni Novgorod）的无线电实验室工作，观察到氧化锌晶体在低电压下连接到振荡电路后，可以起到探测器和放大器的作用。这一发现在英国杂志《无线世界》（*Wireless World*）1924 年 10 月 22 日第 271 期上发表。

**利林菲尔德奖**

为纪念利林菲尔德，美国设立了利林菲尔德奖，该奖专门颁发给有杰出贡献的研究人员。史蒂芬·威廉·霍金（Stephen William Hawking）是该奖 1999 年的得主。霍金是世界著名的理论物理学家和宇宙学家，1942 年 1 月 8 日生于牛津，2018 年 3 月 14 日逝于剑桥。他出版了多部著作，并活跃于各类公众活动中。

**另请参阅**
▶ 贝尔实验室与晶体管的诞生，第 54—55 页
▶ 错失良机的法国晶体管，第 56—57 页

20 世纪 90 年代的集成电路芯片。数千个晶体管连接到输出触点，再被整体封入便于处理的外壳，组成了一个集成电路芯片。

# 录音带

　　1928 年，德裔奥地利人弗里茨·普弗勒默（Fritz Pfleumer）发明了录音磁带。他在 6.35 毫米宽的牛皮纸包装条上涂覆氧化铁和漆涂层，取代了以前使用的钢丝材料。普弗勒默把这项发明的专利权卖给了德国的德律风根公司。

　　1932 年，德国巴斯夫公司（隶属 IG 法本公司）与德律风根公司联合开发普弗勒默的专利技术。在两家公司的推动下，普弗勒默改进了设计，用巴斯夫生产的塑料基带取代了纸基带。1935 年，德律风根公司推出了新一代设备——磁带。同年，这种磁带亮相柏林无线电博览会，并很快上市销售。

　　1944 年，美国 3M 公司开始研究磁带，而安培公司的创始人兼总裁亚历山大·波尼亚托夫（Alexander Poniatoff）也对磁存储表现出浓厚兴趣。1946 年，安培公司从德律风根公司的产品中汲取灵感，制造出第一台磁带录音机。著名歌手平·克劳斯贝（Bing Crosby）借助该设备提高录音质量，使其迅速引领了潮流。1948 年，安培公司成功研制出美国第一台磁带录音机——安培 200，同期产品还有 3M 公司的思高氧化铁磁带。另一个著名的录音机品牌 Nagra 是 1951 年由天才工程师斯蒂凡·库杰尔斯基（Stefan Kudelski）创立的，当时他还只是一名 22 岁的学生。"Nagra"是波兰语，意思是"即将录制"。

　　1962 年，飞利浦公司发明了紧凑型磁带，标志着录音磁带发展的重要转折点。这款磁带成为第一批微型计算机的数字大容量存储设备。它的宽度是 3.81 毫米，运行速度为 4.75 厘米 / 秒，于 1963 年与第一台磁带录音机一起在柏林展出。为了让自己的产品成为全球的行业标准，飞利浦公司选择将其专利公开，免费提供给所有制造商。

1979 年，索尼公司发明了便携式磁带播放器——随身听，大受欢迎。它使用的是飞利浦的紧凑型盒式磁带。

**另请参阅**

▶ 磁带和磁带盒，第68—69 页

▶ 硬盘，第 92—93 页

▶ 软盘，第 148—149 页

老式磁带卷和录音带。

# 古人眼中的磁

磁的历史可以追溯到古代，当时人们在小亚细亚的马格尼西亚地区发现了一种能够吸引铁的石头，这种吸引特性后来被称为"磁性"。

最早的磁性材料使用痕迹是在古埃及人和苏美尔人的墓葬中发现的，距今有约4000年的历史。

在中国历史上，第一次有关"磁石"的记录是在公元前4世纪。王诩在《鬼谷子》中写道："其察言也，不失若磁石之取针。"这句话描述了磁石吸引铁的特性。

中国人还率先使用了制成勺子形状的磁石——司南。他们观察到，勺子在不受外力影响时，总是指着同一个方向。这就是指南针的原型。

古希腊人对磁学的兴趣，得益于亚里士多德（Aristotle）和米利都学派的泰勒斯（Thales）的贡献。泰勒斯认为，磁铁是有灵魂的，因为它具有移动物体的特性。德谟克利特（Democritus）则试图用原子的概念来解释磁现象。

铁屑的形状勾勒出了圆形磁铁周围磁场的磁力线。

# 第一台电子显微镜

第一台电子显微镜是由德国人恩斯特·鲁斯卡（Ernst Ruska）和马克斯·克诺尔（Max Knoll）在 1930 年设计的。它的放大率比当时的光学显微镜高出约 350 倍。1931 年 9 月，马克斯·克诺尔和恩斯特·鲁斯卡首次在他们共同发表的论文中称之为"电子显微镜"。1986 年，恩斯特·鲁斯卡获得了诺贝尔物理学奖。

这种透射电子显微镜（Transmission Electron Microscope，TEM）应用了和光学显微镜类似的原理：它使用电子束穿过样品，在此过程中，部分电子会被损耗；剩余的电子则用来激活荧光屏或在照相底板上形成图像。

随后，马克斯·克诺尔、恩斯特·鲁斯卡和波多·冯·博列斯（Bodo Von Borries）在 1933 年研制了另一台电子显微镜，达到了 30,000 倍的放大率。与此同时，德国德律风根公司的研究人员也在积极探索电子显微镜技术。

电子显微镜发展至今，有了丰富多样的类型。例如，透射电子显微镜、扫描电子显微镜、隧道电子显微镜和场效应显微镜等。

扫描电子显微镜（Scanning Electron Microscope，SEM）于 20 世纪 30 年代末由马克斯·克诺尔和曼弗雷德·冯·阿登（Manfred von Ardenne）在德国设计，在 1940 年由弗拉基米尔·兹沃里金、詹姆斯·希利尔（James Hillier）和 R. L. 斯奈德（R. L. Snyder）在美国无线电公司的实验室进一步开发。它的性能相当出色，能获得样品表面的高分辨率图像，精确度在 0.4 ~ 20 纳米之间，相当于百万分之一毫米。

**电子显微镜的放大率**

第一台电子显微镜是通过加热钨丝产生电子束。在大约 1000 伏的电压下，电子束被加速并穿过由铁芯线圈组成的磁力透镜，形成聚焦光束。尽管最初获得的放大率相对较低，但经过改进后，现代电子显微镜放大率可以超过 100 万倍。

**另请参阅**

▶ 隧道显微镜，第 214—215 页

▶ 电视，第 18—19 页

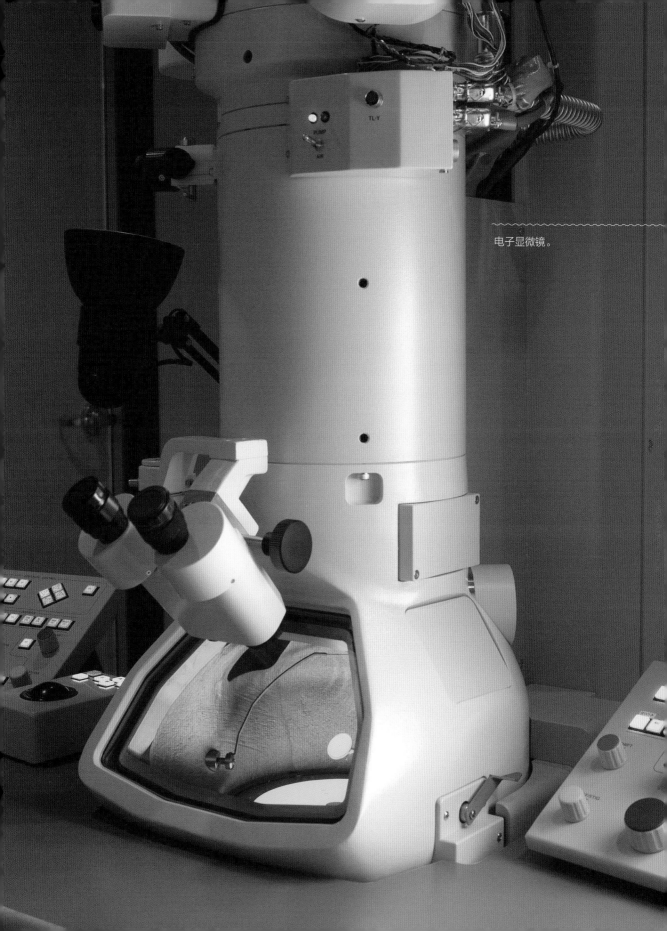

电子显微镜。

# 调频技术与音频革新

在很长一段时间里，无线电技术都只有振幅调制一种方式，简称"调幅"（AM）。用于无线电广播的高频载波信号，是根据信息信号（被传输的声音）来调整振幅的。这个过程不改变载波信号的频率，只改变它的振幅。

相对而言，频率调制，简称"调频"（FM），可以提供更好的音频质量。它抗干扰能力强，但传播范围与调幅相比有所减小。在调频模式下，载波的振幅保持不变，其频率按照所需传递的信号的振幅变化进行调制。

埃德温·霍华德·阿姆斯特朗从 1932 年开始研究调频。1933 年，他获得了宽带调频电路 4 项先进技术的专利。1934 年 11 月 24 日，他首次公开展示了这些技术，并建立了一个实验站。

1940 年，美国联邦通信委员会为调频广播分配了一个频段。1945 年，委员会提议通过调频频道传输电视声音，因为调频信号的质量更优。20 世纪 50 年代，调频开始引起商业电台的兴趣。1954 年，法国广播电视公司推出了调频节目。

立体声学的发展充分利用了调频的优势。早在 1931 年，英国发明家艾伦·布鲁姆莱茵（Alan Blumlein）就提出，可以用多声道来重现音乐厅的声音效果。他的想法在 20 世纪 50 年代末得以实现，当时美国工程师伦纳德·卡恩（Leonard Kahn）开发了第一个立体声广播系统。

1960 年，蒙特利尔广播电台首次将伦纳德·卡恩开发的系统用于立体声广播。1957 年诞生的立体声长时唱片促进了该技术的普及，现代高保真音响也随即问世。就法国而言，调频立体声广播是从 20 世纪 70 年代开始流行的。

一台老式收音机。

# 惠普——车库里的创业奇迹

惠普的成长之路简直就是硅谷创业明星公司的模板——从一个车库起步，一步一步发展成大公司。

惠普（Hewlett-Packard，HP）由威廉·休利特（William Hewlett）和戴维·帕卡德（David Packard）于 1939 年创立。1938 年，他们在加利福尼亚州帕罗奥多市把休利特家的车库改造成一个车间，并开发了一个阻容式声频振荡器。他们把它的型号定为 HP200A，因为"它念起来很好听"。华特·迪士尼（Walt Disney）为拍摄动画电影《幻想曲》（*Fantasia*）订购了 8 台。

后来，惠普的业务扩展到高质量电子测量设备的制造，并出口到世界各地。惠普随后进入了计算机领域，在 1972 年推出了第一款掌上科学计算器 HP-35，并陆续开发了后来的商用计算机。其中最引人注目的是惠普 HP-150，这是一台创新的、大众化的微型计算机，是最早的触摸屏产品之一。1983 年，HP-150 在巴黎的中央商务区拉德芳斯"信息、通信和办公自动化沙龙"展览上亮相。

惠普还在里昂附近的利斯尔达博建立了一个生产线高度自动化的微机生产厂，成为法国当时最重要的微机生产商和出口商，比肩 IBM。

2014 年，惠普宣布重组，将其 PC 和打印机业务划分到新的惠普企业（HP Inc.），而将其服务器和 IT 服务活动划分到惠普企业（Hewlett-Packard Enterprise）。

威廉·休利特（左）和戴维·帕卡德（右）在工厂，摄于 1963 年。

# 古希腊与电子学

米利都学派的创始人泰勒斯是一位生活在约公元前 6 世纪的古希腊自然哲学家。他注意到用干布擦拭琥珀时，这种美丽的树脂化石会吸引灰尘、羽毛等轻质物体。后来，人们发现，这是因为摩擦过的琥珀带有静电。琥珀的希腊语是"elektron"，这就是电子"electron"的来源。

琥珀主要产自波罗的海，是针叶树分泌的树脂形成的化石，可以用来制作美丽的珠宝。琥珀的历史非常悠久，可以追溯到人类刚刚出现的早期时代。有时它的内部还会包有昆虫。

例如，史蒂文·斯皮尔伯格（Steven Spielberg）于 1993 年拍摄的科幻电影《侏罗纪公园》（Jurassic Park）中，专家从保存在琥珀中的昆虫化石身上采集基因，复原了恐龙的遗传信息，使其复活。

光线透过块状琥珀。

# 洞察水下的声呐技术

声呐是"SONAR"的音译，全称"Sound Navigation And Ranging"（声音导航与测距），是一种水下声学探测系统。其原理类似于雷达，都是通过收集目标反射回来的波来进行检测。有所不同的是，声呐使用的不是无线电波，而是声波。

在前人的初步探索基础上，法国物理学家保罗·朗之万（Paul Langevin）想到了用主动检测来替代被动检测，即不再仅仅是监听船只发出的声音，而是利用障碍物反射回来的回声进行检测。

为了设计声呐系统，他利用了皮埃尔·居里（Pierre Curie）和雅克·居里（Jacques Curie）在1880年发现的压电效应，即特定的石英片在受到压力时会产生电荷。朗之万将浸没在水中的石英片因声波振动所产生的应力转换成电力，而且这种转换是可逆的。朗之万与移居瑞士的俄国无线电专家康斯坦丁·奇洛夫斯基（Constantin Chilowsky）合作，为盟军提供了一种定位德国潜艇的技术。

在两次世界大战之间，大西洋两岸的军事研究仍在持续。1939年，英国人在反潜/盟军潜艇侦测调查委员会的指导下，在驱逐舰上安装了声呐系统。1943年，美国人使用声呐技术迫使德国潜艇撤退。

1946年，法国在土伦市附近建立了大型研究实验室，完善了舰艇的监听系统。此后不久，第一个用于探测水雷的拖曳式声呐系统也建造完成。

**人文主义者朗之万**

保罗·朗之万与阿尔伯特·爱因斯坦（Albert Einstein）是好友，在朗之万的大力推动下，爱因斯坦的思想在法国广为人知。作为一个人文主义者，朗之万相继在德雷福斯事件中支持德雷福斯（Dreyfus）上尉，为1917年的俄国革命辩护，还为远在美国蒙冤的萨科（Sacco）和万泽蒂（Vanzetti）发声。在第二次世界大战期间，纳粹的恐怖并未使他沉默。1940年10月30日，他参加了巴黎星形广场的学生示威，被当局逮捕。他的入狱引发了广泛的不满，激发了学生抵抗运动的爆发。

声呐是一种水下声学技术，用于探测和通信，可以定位水雷、潜艇、障碍物、鱼群等；在工业和医学领域也有广泛应用。

# 第二次世界大战中的雷达

　　雷达的使用对第二次世界大战期间"不列颠之战"产生了决定性作用。

　　1935 年，基于罗伯特·沃特森 - 瓦特对脉冲信号的研究基础，英国决定大力投资探测技术。

　　1938 年 8 月，英国建立了 3 个雷达站，覆盖了泰晤士河口。1939 年 3 月，约 20 个波长 6 ~ 13 米、范围 150 ~ 200 千米的信号发射器在英国南海岸投入使用。在瓦特的推动下，S 波段（3000 兆赫，后为 30,000 兆赫）的磁控管雷达也加入运行，分辨率随之显著提高。

　　1940 年 7 月，德国开始进攻英国。当时，德国拥有 2500 架战斗机和轰炸机，而英国皇家空军只有 900 架战斗机。但英国利用远程雷达系统探测到了德国的攻击，及时派出战斗机拦截德军。在 1940 年 9 月德军对伦敦的空袭中，仅仅在一天之内，德军就损失了 185 架飞机。1940 年 10 月，德国空军彻底战败。

　　第二次世界大战接近尾声时，英国的雷达技术已日臻完善，覆盖了 10 米至 1 厘米的波长范围。而德国方面由于依赖闪电战，对雷达的重视不够，水平远远落后于英国。盟军还通过在空中抛撒大量细薄铝条，干扰德军的雷达，让其措手不及。

第二次世界大战期间的一部英国雷达，约 1943 年。

# 图灵破译英格玛密码

在第二次世界大战期间，英格玛机用于加密纳粹高级将领间的通信。这种便携式加密设备被纳粹广泛使用，其密码系统被认为牢不可破。但出人意料的是，才华横溢且古灵精怪的英国数学奇才阿兰·麦席森·图灵（Alan Mathison Turing）成功破解了英格玛密码。盟军因而得以破译敌人的信息，提前识破敌人的计划，获得了决定性的优势。

图灵和他的团队之所以能成功地破译英格玛密码，因为该系统存在几个技术漏洞，比如单个字符本身不能被加密，而且，加密人员会重复使用某些固定短语，如"希特勒万岁"或是每天的天气信息，为破译工作提供了可能。

在此之前，图灵在 1936 年发表了一篇题为《论可计算的数及其在判定问题中的应用》（On Compwtable Numbers, with an Application to the Entscheidungsproblem）的论文，提出了后来被称为"图灵机"的计算模型概念。它基于两个原则：①任何方法都可以成为一种算法；②任何算法都可以被分解成有限的基本操作序列。

1952 年，图灵这位天才因同性恋取向而惨遭英国司法系统的迫害。这导致他不久后结束了自己的生命，死因是氰化物中毒，现场发现了一个被咬了一口的含氰化物的苹果。有些人认为，这就是苹果公司品牌标志的由来。

**算法**

算法一词来源于波斯帝国学者阿尔·花剌子模（Al-Khuwarismi）的著作。柏拉图（Plato）曾提出：所有的人类知识都可以用一组命题，即一个算法来描述。1931 年，奥地利数学家库尔特·哥德尔（Kurt Gödel）证明，所有的数学推理和方法都可以被归纳为一种算法的形式。历史学家尤瓦尔·赫拉利（Yuval Harari）更是提出一个大胆的想法，他在《人类简史：从动物到上帝》（Sapiens: A Brief History of Humankind）一书中认为，人类行为在很大程度上受到算法的影响。

在英国布莱切利园内国家计算机博物馆展出的英格玛机器。

# 冯·诺依曼的存储程序控制

数学家约翰·冯·诺依曼（John Von Neumann）生于布达佩斯，1945年在美国普林斯顿高等研究院工作时，提出了存储程序控制的概念。根据这一创新的概念，计算机程序的指令序列首先存储在机器的内存中，以便后续执行。

基于这一概念，冯·诺依曼定义了一个被称为"冯·诺依曼结构"的架构，将计算机分为4个部分：①算术和逻辑单元，或称处理单元，负责执行基本操作；②控制单元，用于序列化操作；③内存，用于存储数据和程序；④最后是输入/输出设备，实现与外界的通信。这就是今天的微处理器和计算机的基本结构。

1944年8月，约翰·埃克特和约翰·W.莫契利提出制造一台采用冯·诺依曼结构的机器，即离散变量自动电子计算机（Electronic Discrete Variable Automatic Computer，EDVAC）。尽管它的概念在1946年就已完善，但EDVAC直到1952年才完成并开始运行。EDVAC由大约4000个电子管和10,000个二极管组成。

此外，IBM在1945年至1948年期间制造的选择性序列电子计算器（Selective Sequence Electronic Calculator，SSEC）沿用了冯·诺依曼结构。它被认为是第一台以二进制方式运行的电子计算机。

SSEC有13,500个真空管和21,400个电磁继电器。它的电子存储器拥有8位的存储能力，允许存储一个数字及其符号。继电器存储器存储150个数字，访问时间为20毫秒。其余的存储器由穿孔带组成。

**计算机的法语翻译**

计算机是一种预先设定程序的计算设备。美国人称它为"数据处理机"（data processing machine）。为了翻译这个术语，法国IBM在1956年请教了雅克·佩雷（Jacques Perret）教授，他建议将其翻译为"ordinateur"，并解释道："这个词的构词法是正确的，我们甚至在《利特雷字典》（*Littré*）中也可以找到它，它用来形容赋予世界秩序的上帝。"

**另请参阅**

▶ 克劳德·香农提出信息论，第62—63页

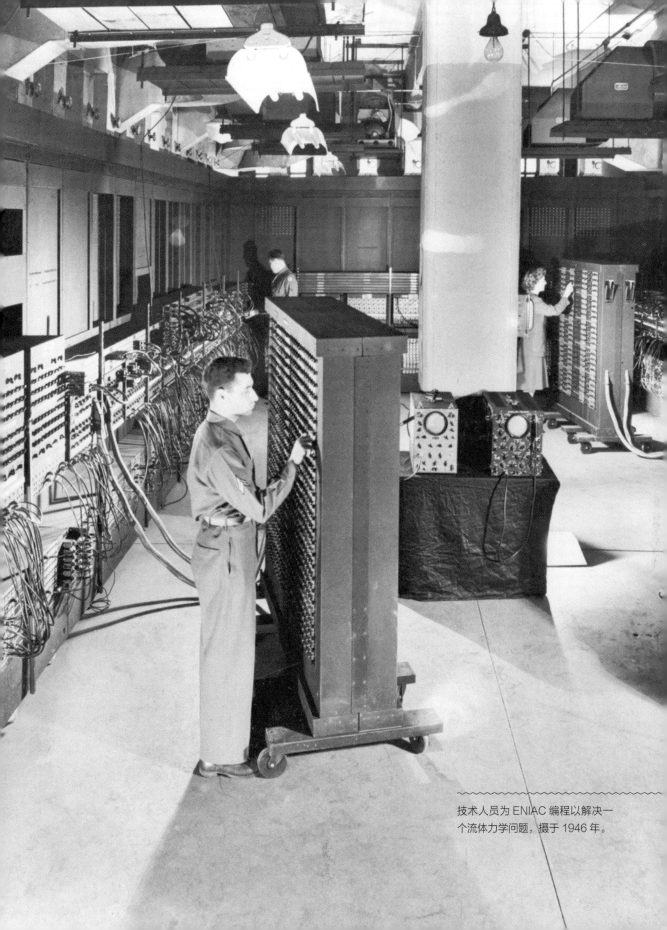

技术人员为 ENIAC 编程以解决一个流体力学问题，摄于 1946 年。

# 史上第一位程序员

英国数学家查尔斯·巴贝奇（Charles Babbage）是计算机领域的先驱之一，他发明了世界上第一台机械计算机——差分机。巴贝奇设计的第二台差分机能够"计算各种方程式并执行最复杂的数学分析操作"。尽管在当时人们看来，这台机器过于复杂，难以制造和操作，但它引入的架构，预示着现代计算机的诞生。

查尔斯·巴贝奇的合作者是数学家阿达·洛夫莱斯（Ada Lovelace），她是英国诗人拜伦（Byron）勋爵的女儿，后来成为伯爵夫人。她证明，从理论上讲，机器可以用来计算代数方程。此后，她为差分机开发了第一代计算机程序。

今天，阿达·洛夫莱斯被普遍认为是历史上第一位程序员。为了纪念她，1980 年美国军方采用的计算机语言被命名为"Ada 语言"。

阿达·洛夫莱斯画像，玛格丽特·萨拉·卡朋特（Margaret Sarah Carpenter）绘于 1836 年。

1945 年
冯·诺依曼的存储程序控制

1946 年
第一台通用计算机

1947 年
晶体管的发明

# 人类第一台通用计算机 ENIAC

ENIAC 全称是 "Electronic Numerical Integrator And Computer"（电子数字积分计算机），尽管它只是一台相当简陋的计算机，但它的出现标志着一个全新时代的来临。不过，它自 1944 年出现后几乎没有被人注意到，而是被众多同时期发生的大事件所掩盖。

在第二次世界大战爆发前不久，美国人霍华德·艾肯（Howard Aiken）和乔治·斯蒂比兹（George Stibitz）已经设计并开发了一台继电式计算器。但直到 1944 年，第一台通用计算机 ENIAC 才由约翰·普雷斯珀·埃克特（John Presper Eckert）和约翰·W. 莫契利（John W. Mauchly）在宾夕法尼亚大学的摩尔电气工程学院建成，并于 1946 年投入使用。

ENIAC 的外观令人印象深刻。它是一个重达 30 吨的巨大系统，占据了一个 10 米 × 17 米的大厅，每小时耗电量高达 150 千瓦，足以为一座小楼供暖。它由 42 个 2 米多高的钢板柜组成，内部装有约 18,000 个电子管，还需要 2 台近 9 千瓦的大型克莱斯勒发动机为它通风。尽管如此，ENIAC 在大部分时间里都处于故障状态。ENIAC 在设计上采用十进制进行计算，而不是二进制。没有存储程序，要编程的话只能通过移动板上的穿孔卡片完成；但当它运行起来时，在当时却是出类拔萃的。起初，设计 ENIAC 是为了解决弹道问题。然而，这台机器缺乏真正的中央处理单元，编程非常困难，远不及今天最小的袖珍计算机。ENIAC 一直运行到 1955 年。

ENIAC 的地位是举足轻重的，它带来了一场全新的工业革命，人类在历史上第一次使用工具实现了智力功能，而不是以往的机械功能，从而催生了新兴的计算机科学。

**Bug（故障）的来源**

ENIAC 每天都要面临许多电子管烧坏的问题，有一半的时间都无法正常运行。最长的无故障运行时间记录是 1954 年的 116 小时。一个常见的故障竟然是由小虫子导致的。它们被热量吸引而爬进机器，造成局部热应力并损坏电子管。虫子的英语名称是 "bug"，随着时间的推移，bug 一词已经成为计算机故障的通用术语。

**另请参阅**
▶ 史上第一位程序员，第 44—45 页
▶ 冯·诺依曼的存储程序控制，第 42—43 页
▶ 大型计算机，第 72—73 页

在宾夕法尼亚大学摩尔电气工程学院，EDVAC研究小组的技术总监凯特·沙普利斯（Kite Sharpless）正在进行演示。

# 布莱士·帕斯卡和进制系统

　　布莱士·帕斯卡（Blaise Pascal）的父亲是征税官，要花费很多时间来进行货币换算。1642 年，作为一个孝顺的儿子，布莱士·帕斯卡发明了一台机械计算器——帕斯卡林，它被认为是计算器的鼻祖。

　　人类最初就用 10 个手指计数，这就是十进制系统。这也是数字计量单位用单词"digit"来表示的原因，它来自拉丁文的"digitus"，意为"手指"。

　　古代美洲的玛雅人或阿兹特克人选择以 12 为基数进行计数。而古代欧洲的凯尔特人和巴斯克人则选择以 20 为基数进行计数，因为他们除了使用手指外，还加上了脚趾进行计数。

　　两河流域的苏美尔人和巴比伦人使用基数 60，原因尚不清楚。正是他们发明了将时间划分为小时、分和秒的方法。

布莱士·帕斯卡发明的帕斯卡林计算器。

# 小　结

人类对电和磁的探索可以追溯到非常久远的时代。然而，尽管早期的科学思想已见雏形，但这些思想在几个世纪内都没有得到真正的发展。中世纪的到来，进一步延缓了科学发展。意大利自然哲学家乔尔丹诺·布鲁诺（Giordano Bruno）于 1600 年因坚持日心说和"世界无界且没有中心"的观点被烧死在火刑柱上。而提倡日心说的意大利数学家、物理学家和天文学家伽利略·伽利莱（Galileo Galilei）于 1633 年在高压之下被迫改口。据说，他曾低声抱怨："但是地球还是在转动！"

18 世纪、19 世纪是科学逐渐繁荣的时期，理论和实践上的进步数不胜数，科学爱好者、研究人员和科学家的数量持续增长。在当今时代，科学家、研究人员和工程师数量之多，或许已经超过了历史上所有时期的总和。

无线电波的发现催生了无线电、电信和电视的发明。随后，雷达、电子医疗技术、自动化和信息技术轮番登场。现在，我们站在数字化时代的入口，所欠缺的仅仅是推动我们进一步探索的关键元素。

巴贝奇的差分机。

从 1947—1960 年的这一短暂时期，是一个名副其实的发明井喷时代。

它始于晶体管的发明，随后是集成电路的发明，为我们开启了半导体的新时代。它也见证了计算机领域的最初发展，以及那令人惊叹的全息图和激光技术的问世。

众多天才理论家在这一时期纷纷崭露头角：克劳德·艾尔伍德·香农（Claude Elwood Shannon）提出信息论，诺伯特·维纳（Norbert Wiener）提出控制论，理查德·菲利普斯·费曼（Richard Phillips Feynman）开创纳米技术。

# 晶体管和激光

1946年

第一台通用计算机

1947年

晶体管的发明

1947年

法国的晶体管

# 贝尔实验室与晶体管的诞生

1947年12月，贝尔实验室的约翰·巴丁（John Bardeen）、沃尔特·H.布拉顿（Walter H. Brattain）和威廉·B.肖克利（William B. Shockley）发明了点接触式晶体管。他们于1948年6月17日申请了专利，并于同年6月30日展示了这一发明，后来被共同授予1956年的诺贝尔物理学奖。点接触式晶体管使用了超纯的锗片和金电极。晶体管（transistor）这一术语直到数个月后才由他们的同事约翰·R.皮尔斯（John R. Pierce）提出，它是转移电阻（transfer resistor）的缩略词。

为了推动晶体管技术在学术界和全社会的研发，贝尔实验室增加了相关的成果发表数量和参加研讨会的频率，并在1951年组织了一场关于晶体管的大型研讨会。每个使用晶体管专利的公司需要支付25,000美元的费用。

1951年，美国西部电器公司开始生产第一批晶体管，生产流程异常复杂，没有任何自动化，一切都在无菌室中手工完成。这样导致产量很低，50%～90%的元器件在生产过程中因为不合格被丢弃了。该公司后与Regency电子公司合作，在当年的圣诞节推出了一款商用晶体管收音机。当时正值冷战时期，美国军方对这些电子元器件很感兴趣。然而，直到1952年，德州仪器公司才从贝尔实验室获得了晶体管的使用许可，并在1954年优化了这一组件，启动了硅晶体管的全面工业化生产。该公司在同一年推出了晶体管无线电接收器。

盛田昭夫（Akio Morita）是东京通商公司（后来的索尼公司）的创始人之一，也对晶体管充满热情。与他合作的物理学家江崎玲于奈（Leo Esaki）致力于锗和硅的掺杂，并生产出掺磷晶体管。江崎玲于奈后来到IBM工作，并于1973年获得了诺贝尔物理学奖。索尼公司于1955年推出它的第一款无线电晶体管收音机。

巴丁、肖克利和布拉顿，摄于1948年。

**另请参阅**
▶ 错失良机的法国晶体管，第56—57页

贝尔实验室第一个点接触
式晶体管（复制品）。

1947 年
晶体管的发明

1947 年
法国的晶体管

1947 年
全息图

# 错失良机的法国晶体管

第二次世界大战后，位于巴黎东北郊欧奈苏布瓦市的法国制动和信号公司与法国邮政和通信部签订了一份研究合同。双方开展合作，由法国国家电信中心主持，皮埃尔·马尔赞（Pierre Marzin）担任副主任，共同开发一种固态设备，用来取代海底电缆电话中继器的真空管。

随后，两个新合作者加入了研究团队，分别是德国物理学家海因里希·韦尔克（Heinrich Welker）和赫伯特·马塔雷（Herbert Mataré）。他们在第二次世界大战期间于帝国实验室工作。他们于1947 年独立于美国人研发出一种锗质点接触晶体管。然后，在得知美国贝尔公司的晶体管已申请专利的几天后，他们才在 1948 年 8 月13 日申请了锗质点接触晶体管专利。

1949 年 5 月 18 日，法国邮政和通信部国务秘书尤金·托马斯（Eugène Thomas）以"Transistron"命名了这种晶体管，并向公众介绍。而在此之前，这项技术一度被列为"国防机密"。

法国的晶体管工业开始生产的时间要比美国早得多。1950 年，威廉·肖克利访问了马塔雷和韦尔克的实验室。他们向肖克利展示了一个配备有晶体管中继器的功能性电话网络。然而，法国后来决定将其研究预算花在原子研究上，并削减了法国制动和信号公司的信贷，完全放弃了晶体管的生产。

直到 1958 年，在法国通用电气公司工作的波兰裔法国人斯坦尼斯拉斯·特茨纳（Stanislas Tetzner）才接过接力棒，开发出了结型场效应晶体管"Tecnetron"。

**韦尔克和马塔雷**

在离开法国制动和信号公司后，韦尔克先就职于德国西门子公司，后来去了美国。而马塔雷在德国杜塞尔多夫市创建了英特梅塔尔半导体有限公司，这是世界上第一家销售二极管和晶体管的公司。1952年年底，该公司每周生产2000 个二极管和 1000 个晶体管。1953 年，第一台电池驱动的晶体管收音机在杜塞尔多夫交易会上展出，比德州仪器公司早一年。

**另请参阅**
▶ 贝尔实验室与晶体管的诞生，第 54—55 页

Regency 袖珍收音机，晶体管收音机的早期形式。

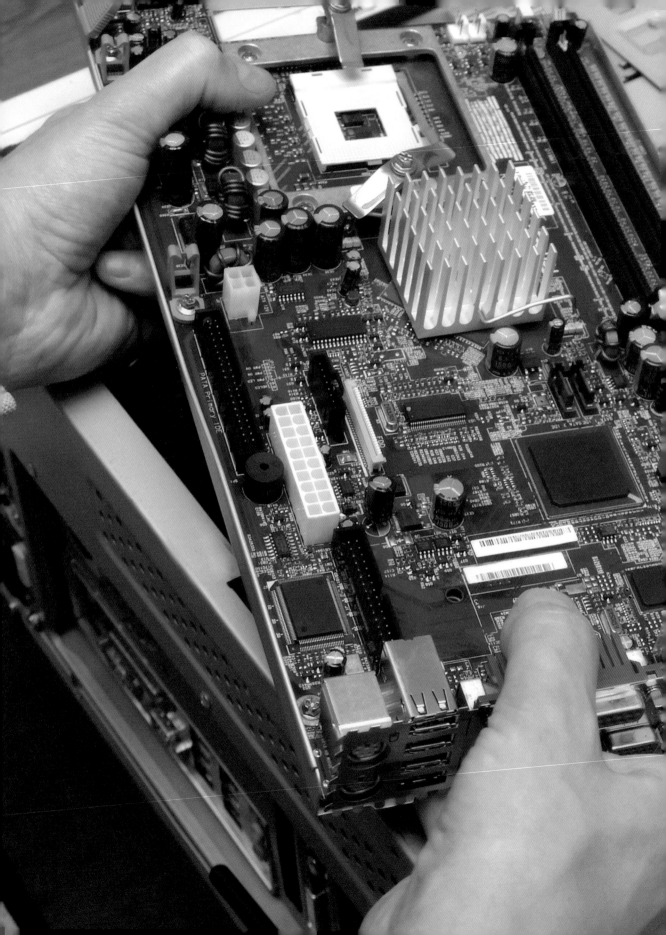

# 理想的 CMOS 晶体管

　　点接触晶体管很快被威廉·肖克利发明的双极型晶体管所取代，也称作结型三极管。

　　除此之外，场效应晶体管（简称场效应管）也被开发出来，尤利乌斯·埃德加·利林菲尔德在 1925 年首次提出场效应晶体管的概念。这些晶体管的初始结构由三层重叠而成：导电金属层（铝，用金属英文首字母 M 表示）、绝缘氧化物层（氧化硅，用氧化物的英文首字母 O 表示）和半导体层（硅，用半导体的英文首字母 S 表示），因此这种晶体管也被称为 MOS（Metal Oxide Silicon）晶体管。

　　在场效应晶体管中，电流的传导可以由正型（P 型）或负型（N 型）掺杂来实现，因此能够制造出以相反模式工作的两种场效应晶体管：PMOS 和 NMOS。将 PMOS 与 NMOS 结合在一个串联电路中的技术被称为 CMOS（互补金属氧化物半导体）技术。在静止状态下，这样的电路几乎不消耗电流，使其成为理想的开关选择。

中国深圳市正远科技有限公司制造的 Sofobod 台式计算机主板。右下角是一个圆形纽扣电池，用于为存储计算机启动程序的 CMOS 存储器供电。

# 迷人的全息图

全息图仿佛是科幻小说的产物。它是一种摄影图像，但却具有三维效果和神奇的特性。20 世纪 60 年代，第一次演示的三维全息图像被投射到空中，人们可以围绕它进行观赏。这些图像看起来如此真实，让人忍不住想要触摸它，尽管事实上不存在实物……

全息技术的发明也同样神奇。出生于匈牙利的英国科学家丹尼斯·加博尔（Dennis Gabor）是帝国理工学院的一名研究员。1947 年，他想提高电子显微镜的分辨率，以一种完全理论化的方式发展了全息理论，却无法验证。因为当时还没有发明出必要的工具——激光。

1948 年，丹尼斯·加博尔发表了一篇题为《通过重组波阵面形成图像》的论文，首次提出了"全息图"（"hologram"）这个术语。该词来自希腊语 "holos" 和 "gramma"，意思分别是"整体"和"信息"。他因此贡献于 1971 年被授予诺贝尔物理学奖。物理学家西奥多·梅曼（Theodore Maiman）在 1960 年研制出了世界上第一台红宝石激光器，使验证全息图成为可能。在接下来的几年里，各种全息图被制作出来，为观察者带来惊奇的体验。第一张人物的全息图是在 1967 年制作完成的。

全息技术被应用于医学、航空、工业、机器人、安全等领域。在计算机方面，人们也在探索全息存储：扬·A. 赖赫曼（Jan A. Rajchman）在 1973 年开发并演示了第一个全息计算机存储器，它能够完成所有必要的操作。3D 电视的灵感可能也源自于此。

画家和雕塑家萨尔瓦多·达利（Salvador Dalí）对全息技术也表现出浓厚的兴趣。1972 年，他在纽约著名的诺德勒画廊展出了他的第一批全息图，其中包括一幅名为《全息！全息！委拉斯开兹！加博尔！》（Holos ! Holos ! Velázquez ! Gabor !）的作品。

正在研发中的全息投影飞机。

1947 年
全息图

1948 年
信息论

1948 年
扫描电子显微镜

# 克劳德·香农提出信息论

　　美国数学家和计算机科学家克劳德·艾尔伍德·香农对信息论的发展做出了重要贡献。1941—1972 年，他在贝尔实验室研究数学，1958—1978 年在麻省理工学院任教。在第二次世界大战期间，他为美国军队的密码情报部门工作，负责研究如何自动识别敌方密码中的真正信息以区分无效干扰。

　　1948 年，香农在《贝尔系统技术学报》（*Bell System Technical Journal*）上发表了题为《通信的数学理论》（*A Mathematical Theory of Communication*）的著名研究文章。这篇文章于 1949 年由伊利诺伊大学以图书形式出版。在这篇文章中，香农创立了信息理论并提出了一个模型，认为图像、文字和声音可以通过用 0 和 1 来表示，这在当时非常具有前瞻性。他讲道："通过中继电路，可以进行复杂的数学运算。用 0 和 1 表示电路的开、关，这些开关物质化了执行二进制运算所需的布尔函数 AND、OR、NOT（与、或、非）。"从那以后，这种方法一直被广泛使用，实现这一功能的开关是晶体管和集成电路，它们可以无限地组合 AND、OR、NOT 3 个基本的简单逻辑函数。

　　香农除了对数字通信特别感兴趣，也研究博弈论、计算机科学等。他还是人工智能领域的先驱之一，值得一提的是，他提出了一种新的算法，成功创造了一个会下国际象棋的弈棋机。

在克劳德·香农设计的迷宫里，可以看到一只机械老鼠在其中寻找出路。香农还因其关于信息熵的工作和无损数据压缩方法而闻名。

1948年
信息论

1948年
扫描电子显微镜

1948年
控制论

# 扫描电子显微镜技术快速发展

扫描电子显微镜于 20 世纪 30 年代末由马克斯·克诺尔和曼弗雷德·冯·阿登在德国设计。随后由弗拉基米尔·兹沃里金、詹姆斯·希利尔和 R.L. 斯奈德在 1940 年于美国无线电公司的实验室开发。直到 1948 年，随着电视和电子检测器技术的进步，扫描电子显微镜才真正快速发展起来。它的应用非常有趣，因为它的景深使得观察大量样品的表面结构成为可能，而这在以前是无法做到的。

扫描电子显微镜的工作原理是把连续的电子束发射到样品的表面，并同时将信号从探测器传送到屏幕上，屏幕再与入射光束完成同步。显微镜使用非常精细的电子束击打样品，样品受到激发后发射回次级电子，次级电子的数量取决于样品表面的特性。探测器收集并检测样品发射出的次级电子，经过处理后的图像随即会显示在屏幕上。

对于透射显微镜和扫描电子显微镜来说，电子枪、真空、高电压和冷却的要求几乎是相同的。但由于扫描电子显微镜只需要少量的电子镜头，其制造要求相对宽松。因此，这种显微镜的体积和成本大大减小和降低。

2018 年年底，IBM 研究院的研究员杨锴（Kai Yang）和克里斯托弗·鲁兹（Christopher Lutz）宣布，他们利用 IBM 开发的扫描隧道显微镜，开发了一项新技术，能够通过核磁共振（Nuclear Magnetic Resonance，NMR）控制铜原子核的磁性。这项技术有望对量子信息处理和未来存储技术产生深远影响。

**三维**

信息技术使人们借助扫描电子显微镜构建三维图像（3-dimensional，3D）成为现实。这对半导体工业来说是一个重要的进步，它使我们可以检查细微到数纳米的三维结构，特别是可以用来控制硅基板上沉积层或蚀刻层的垂直度。

**另请参阅**

▶ 第一台电子显微镜，第 28—29 页

扫描电子显微镜。

1948 年
扫描电子显微镜

1948 年
控制论

1949 年
磁带和磁带盒

# 控制论与自我调节系统的科学探索

控制论可以简单地定义为研究生物（包括人类）和机器内部通信与控制规律的学科，研究对象是复杂的自我调节系统。

控制论的概念是由美国数学家诺伯特·维纳（Norbert Wiener）提出的，涵盖自动化、电子学和信息的数学理论等新领域。早在 1834 年，安德烈－马里·安培（André-Marie Ampère）就用控制论指代"管理人的艺术"。在这个意义上，控制论是管理的科学。

1948 年，维纳出版了《控制论：关于在动物和机器中控制和通信的科学》（*Cybernetics: or Control and Communication in the Animal and the Machine*）一书。该书被认为是控制论的奠基之作，推动了这一理论的广泛传播。该理论还引领了机器人技术的最新发展。

在控制论的先驱设备中，詹姆斯·瓦特（James Watt）于 1788 年开发的飞球调速器经常被认为是最早的反馈机制之一。它在曲柄连杆系统利用了飞轮原理，有效调节蒸汽机的旋转速度。

在电子学中，反馈是对电路的输入信号自动调节的过程。反馈机制用来放大、滤波和伺服电路，使它们在很大程度上独立于系统的其他内部组件运行。

**另请参阅**
▶ 工业自动化的兴起，第 76—77 页

诺伯特·维纳在进行演算。

1948年
控制论

1949年
磁带和磁带盒

1950年
大型计算机

# 磁带存储的进化

通用自动计算机 UNIVAC（UNIVersal Automatic Computer）作为第一台商用电子计算机，已经开始使用磁带存储技术。但早先的磁带由钢制成，容易断裂。

1949 年，柔性磁带被实验性地运用在了 EDVAC 计算机上，这是第一台存储程序计算机，由约翰·普雷斯珀·埃克特和约翰·W. 莫契利设计。这两位先驱随后又开发了一台名为 BINAC（BINary Automatic Computer）的二进制自动计算机，它的存储装置类似于磁带录音机。与 Ampex 录音机一样，BINAC 采用了窄塑料带卷轴，能够将数据存储在与磁带长边平行的 5 个轨道上。5 个比特的数据被同时记录在轨道的宽边上，用于组成一个词。

为了使磁带能高速运行，并能确保其在突然启动或停止时不会断裂，IBM 进行了一系列尝试。詹姆斯·魏登哈默尔（James Weidenhammer）几乎是在无意中发现了解决方案——缓冲柱。他设计的驱动器将磁带放置于真空柱里，从而减少阻力并缓冲了突然的加速和停止。这个方法后来被几乎所有的计算机制造商采用。

1952 年，IBM 开发了 IBM 701，这是第一台配备磁带的科学计算机。该设备的记录密度为每厘米 40 个字符，使用的 IBM 726 磁带是第一种可以承受高卷绕和放卷速度的塑料软性磁带，可为计算机提供每秒 7500 个字符的读写速度，相当于 15,000 张打孔卡片或 1.2 兆比特的数据传输能力。

**磁带盒和磁鼓**

1975 年，IBM 开发了全新一代的磁带盒，推出型号为 3850 的大容量存储设备，可存储 5000 万比特的数据。磁带的长度为 19 米，宽度为 7.6 厘米。第一个磁鼓是 1947 年由威廉·C.莫里斯（William C.Morris）制造的，他来自位于明尼阿波利斯市的工程研究协会（Engineering Research Associates，ERA）。这款磁鼓的直径为 12.7 厘米，旋转速度为 3000 转 / 分，记录密度为 230 比特 / 英寸（1 英寸 =2.54 厘米）。

**另请参阅**
▶ 硬盘，第 92—93 页

磁带。

# 编程语言"巴别塔"

由于计算机只能理解二进制代码，程序员起初必须将 0 和 1 排列成冗长的字符串编程，这一过程要求保持严谨，而且工作量巨大。最初程序员通常通过操纵物理开关来编程。后来，编程方法有所改进。先是通过十六进制（以 16 为基数）、八进制（以 8 为基数）或十二进制（以 12 为基数）等进行简化。后来出现了汇编语言，通过使用助记符简化程序（例如，add 代表加法指令）。然而汇编语言编写的程序须先提交给一个名为汇编器的程序，再由该程序转换成计算机可以理解的二进制机器语言。

紧接着我们所说的真正的编程语言就出现了。这是一些更接近人类自然语言结构的编程语言，人们称之为高级语言。为了将这些程序翻译成机器语言（这是必不可少的步骤），人们使用一些强大的程序，称为编译器或解释器。

在 2018 年之前，高级语言中最著名的是 Java、C、C++、Python、C#、JavaScript、VB.Net、R、PHP、Matlab、Swift 等。仿佛构成了一座现代编程的巴别塔！

老勃鲁盖尔（Pieter Bruegel the Elder）的《巴别塔》（*The Tower of Babel*），绘于 1563 年。

1949 年
磁带和磁带盒

1950 年
大型计算机

1950 年
数字化

# 大型计算机主导的时代

20 世纪 50 年代，大型计算机是唯一的选择。最早的大型存储程序计算机之一是 EDVAC 计算机，随后是 IBM 在 1945 年至 1948 年间制造的 SSEC 计算机。SSEC 计算机于 1944 年 8 月由约翰·埃克特和约翰·W. 莫契利设计，直到 1952 年才投入使用。

20 世纪 70 年代初，能与 IBM 竞争的美国公司只有 5 家：宝来公司、通用自动计算机公司、NCR 公司、数据控制公司和霍尼韦尔公司。除此之外，还有法国的布尔公司。

新生企业阿姆达尔公司由 IBM 员工吉恩·阿姆达尔（Gene Amdahl）于 1970 年创建，专注生产 IBM 兼容产品。另一家公司克雷研究公司成立于 1971 年，其创始人西摩·克雷（Seymour Cray）开发了一台专门从事科学计算的计算机"克雷 1 号"，每秒能够执行 1.6 亿次浮点运算。其独特的圆形设计，能够减小机器的长度。

计算机运算能力的竞赛一直在持续。目前，主要是中国和美国展开较量。2016 年，中国的神威·太湖之光超级计算机以超过每秒 9.3 亿亿次浮点运算成为世界上速度最快的计算机。2018 年，由 IBM 和英伟达（NVIDIA）公司联合的美国能源部在橡树岭国家实验室研发的 Summit 处于领先优势，它的存储量约为 150PB，集成了 240 万个处理器核心（第一台使用微处理器的个人计算机 Micral 中只有 1 个核心，目前的微型计算机中通常有 4 个核心）。紧随其后的是它的姊妹系统 Sierra，同样由 IBM 制造，致力于劳伦斯利弗莫尔国家实验室的核武器研究。但从数量上来说中国仍是世界第一，拥有世界上最多的超级计算机。

**布尔公司**

布尔公司成立于 20 世纪 30 年代，产品主要基于挪威工程师弗雷德里克·罗辛·布尔（Fredrik Rosing Bull）的专利。该公司活跃于 20 世纪 60 年代，以技术创新和多次变革而闻名。该公司后来分裂为布尔通用电气公司（Bull-General Electric）和 CII- 霍尼韦尔·布尔公司（CII-Honeywell Bull），并于 2014 年被法国源讯公司收购。

**另请参阅**

▶ 冯·诺依曼的存储程序控制，第 42—43 页
▶ 小型计算机的黄金时代，第 104—105 页
▶ 第一台使用微处理器的个人计算机，第 174—175 页

当时著名的计算机
Bull Gamma 60，
其控制面板带有磁带
打孔器（底部），内
部是磁带开卷机。

# 数字化的开始

从 1950 年开始，以二进制为基本形式的数字模式开始逐渐取代旧的模拟模式。首先从计算机科学和电信领域开始，随后扩展到所有领域，可能只有广播除外。1971 年，微处理器的发明起到了决定性作用，并催生了微型计算机、机器人和人工智能。

尽管二进制听起来很现代，但早在 2000 多年前，中国就有了阴、阳的概念。伏羲的《易经》中提到的八卦图就是一个二进制表。埃及人也对二进制有浓厚的兴趣。

在欧洲，戈特弗里德·威廉·莱布尼茨（Gottfried Wilhelm Leibniz）在 1679 年研究了用二进制来计算小数的方法。1702 年，他在巴黎皇家科学院阐述了关于二进制运算的观点，这篇论文发表在《皇家科学院论文集》（*Mémoires de l'Académie Royale des Sciences*）上，标题为《二元算术的解释，仅用 0 和 1 的运算，其应用及其在伏羲所创八卦图中的意义》（*Explication de l'arithmétique binaire, qui se sert des seuls caractères 0 et 1; avec des remarques sur son utilité et sur ce qu'elle donne le sens des anciennes figures chinoises de Fou-Hi*）。此外，1832 年由塞缪尔·摩尔斯（Samuel Morse）发明的摩尔斯电码也是以二进制形式工作。以上种种都在通信中得到了长期应用。

二进制这座大厦的完成依靠逻辑学。它蕴含的二元对立自古以来就被用于逻辑思辨。而逻辑学的现代表述是由乔治·布尔（George Boole）提出的，他研究并创造了布尔代数及相关命题。1937 年，克劳德·香农将布尔代数的概念应用于电子电路。

**另请参阅**
▶ 世界上第一台微处理器，第 156—157 页
▶ 第一台使用微处理器的个人计算机，第 174—175 页

1950年
数字化

1952年
自动化

1953年
铁氧体磁芯存储器

# 工业自动化的兴起

1801 年，约瑟夫·玛丽·雅卡尔（Joseph Marie Jacquard）设计了用打孔卡片编程的织布机，这是一个优秀的自动化范例。然而，直到一个多世纪以后，才实现了真正的自动化和机器人技术的突破。

1948 年和 1949 年，英国神经生理学研究者格雷·沃尔特（Grey Walter）制造了两只机器乌龟——艾尔默（Elmer）和艾尔西（Elsie），它们能在没有任何人控制的情况下自动寻找光源和给自己的电池充电。

1954 年，美国阿贡国家实验室的雷·戈茨（Ray Goertz）为新生的美国核工业研制了第一个电力驱动的主从式远程操纵器，它被认为是工业机器人的始祖。这台机器在 20 世纪 70 年代由让·韦尔蒂（Jean Vertut）接手，在法国原子能委员会被重点研发。

随后出现了多种自动系统，最开始是简单的机床电子定时器。它们取代了旧的机械编程器，如法国克鲁泽公司的编程器。紧接着，机床电子定时器被集成电路所取代，如著名的"555 定时器"。汽车工业很快成了实施自动化的主要应用领域，这是从法国西亚基公司应用于为法国生产的自动传送带开始的，之后迅速广泛出口。在汽车行业之后，所有的大规模生产行业都开始了自动化进程。

1952 年，第一台数控机床投入使用。1954 年，乔治·迪沃尔（George Devol）制造了第一个可编程的机器人手臂，并成立了环球自动化公司，后更名为尤尼梅申公司。1962 年，该公司生产的世界上最早的工业机器人 Unimate 被通用汽车公司装配在生产线上，机器人的时代拉开了序幕。

**丝绸工人"卡尼"**
19 世纪 30 年代，里昂红十字会的丝绸工人和手工艺人团体自称为"卡尼"（Canuts）。面对工业化的威胁，他们砸毁了那些可能导致他们失业的织布机。阿里斯蒂德·布吕昂（Aristide Bruant）在 1831 年创作了一首著名的歌曲《丝绸工人》（Les Canuts），描述了他们的苦难："要唱圣歌求圣神降临，就必须身着华丽的祭披。我们为你们这些教会的圣人编织衣服，但我们可怜的丝绸工人却衣不蔽体。我们是丝绸工人，我们却衣不蔽体。"

**另请参阅**
▶ 克劳德·香农提出信息论，第 62—63 页

汽车装配线上的机器人。

1952年
自动化

1953年
铁氧体磁芯存储器

1954年
FORTRAN 语言

# 铁氧体磁芯存储器

早期的计算机只有铁氧体磁芯存储器可用。1955—1975 年，这种存储器被广泛使用了 20 年，随后逐渐被集成电路存储器所取代。为了制造铁氧体磁芯存储器，必须进行真正的编织工作，通常由经验丰富的纺织工人完成。他们必须将几根电线编织成微小的磁芯，连接成一个网格。存储是通过对每个磁环进行磁化或消磁来实现的。

铁氧体磁芯首次应用是由杰伊·弗雷斯特（Jay Forrester）和肯尼斯·J. 奥尔森（Kenneth J.Olsen，数字设备公司的创始人）及其团队设计的第一台小型计算机，即 1953 年在麻省理工学院设计的"旋风"。它同时也是第一台能够实时运行的计算机，也就是说它没有延迟反应，能够立即处理提交给它的数据。这台机器是美国半自动地面防空系统使用的计算机的原型。

扬·A. 拉奇曼（Jan A. Rajchman）也开发了铁氧体磁芯存储器。他是一位成果丰富的研究员，来自伦敦，先后在波兰、瑞士生活和学习，并于 1935 年移民到美国。他于 1939 年开始对计算机产生兴趣，设计了多种逻辑电路。20 世纪 50 年代初，他从事环形线圈的研究，并提出了许多创新思路。

1973 年，拉奇曼开发并演示了第一台全息计算机存储器，该存储器可以执行所有必要的写入、读取和擦除操作。1955 年，IBM 推出了 IBM 704。这台机器仍然使用 32,768 字节、36 位的铁氧体磁芯存储器，然而这项技术后来逐渐被时代淘汰了。

**第一批环形磁芯**

在 20 世纪 30 年代，飞利浦公司和加藤与五郎（Yogoro Kato）博士在 1933 年创造了新的复合材料。1935 年，东京电化学工业公司接管并销售了第一批环形磁芯。另一位在哈佛大学计算实验室工作的研究人员王安（An Wang）也研究了铁氧体磁芯，他被许多人视作"磁芯存储器之父"。1951 年，他成立了自己的计算机公司——美国王安电脑有限公司。

**另请参阅**
▶ RAM，第 96—97 页

铁氧体磁芯由重叠的小环构造而成。

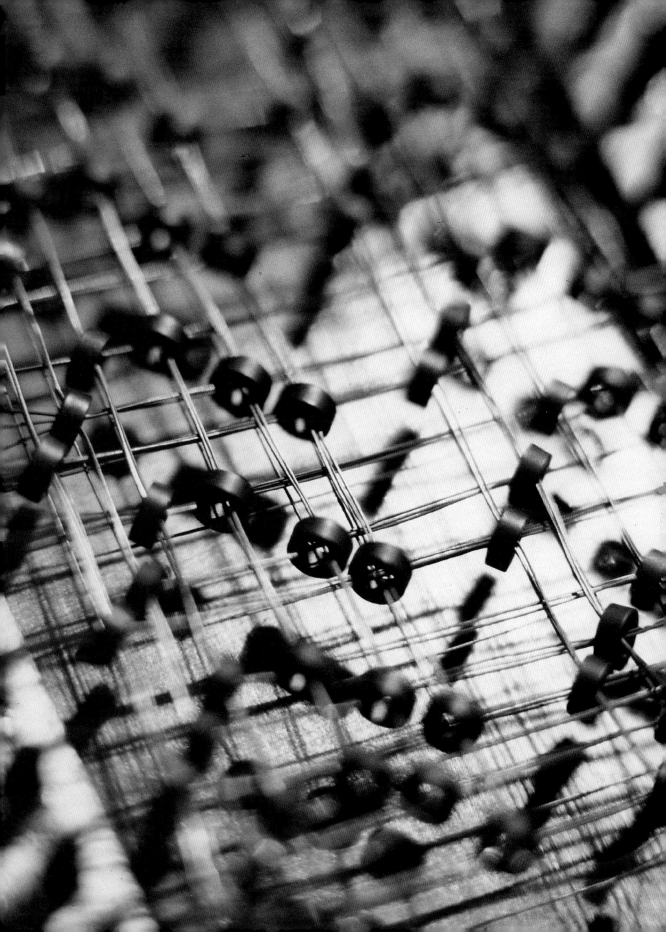

# 第一批自动化装置

　　希罗（Héron）是一位数学家和机械工程师，大约在 1 世纪时生活在古埃及亚历山大市，发明了世界上第一台自动装置。他设计了一个自动喷泉，通过一个巧妙的连通容器系统自动喷水。在他的著作《气动力学》（Pneumatica）中，他描述了一个自动门系统：当祭坛上的火被点燃时，门就会打开。其原理为：火加热水产生蒸汽，从而推动神庙的门开启。

　　传说 16 世纪时，列奥纳多·达·芬奇（Léonard de Vinci）发明了第一个可以协调运动的人偶，巧妙模拟人类手臂、腿部甚至下巴的动作。

　　18 世纪被誉为自动装置的黄金时代。1738 年，雅克·德·沃康松（Jacques de Vaucanson）制造了一只著名的铜鸭子，它可以喝水、吃东西、咯咯笑、打喷嚏、消化食物，甚至排泄。这只鸭子的功能复杂，使当时的观众都惊叹不已。

一个骑着三轮车的自动打铃人偶，约 17 世纪制造。

1953 年 ──── 1954 年 ──── 1954 年

铁氧体磁芯存储器　　　FORTRAN 语言　　　光伏板

# FORTRAN——最早的高级编程语言

　　为了更方便地对计算机进行编程，人们开发了一些满足更高要求的高级语言，与汇编语言（低级语言）相对。高级语言使用自然语言（主要是英语）中的常用词和熟悉的数学符号来编写代码。

　　FORTRAN（FORmula TRANslation 的缩写，意为"公式翻译器"）是最早的高级编程语言。它诞生于 1954 年，用于科学和工程计算。当时，计算机仍然使用打孔卡片编程，FORTRAN 语言被特别设计以适应打孔卡片这种编程方式。约翰·贝克斯（John Backus）是 FORTRAN 的设计者，最初作为无线电工程师加入 IBM。1954 年，他发表了一篇题为《IBM 数学公式翻译系统 FORTRAN 规范的初步报告》（*Preliminary Report*，*Specifications for the IBM Mathematical FORmula TRANslating System*，*FORTRAN*）的文章。之后，他带领团队，花了两年时间开发了第一个 FORTRAN 编译器。该编译器能将高级语言翻译成机器语言，即二进制指令。

　　像任何程序一样，FORTRAN 经历了一系列版本更新。FORTRAN 77 及其后续版本至今仍被学界广泛使用，是因为它提供了丰富的函数库、完善的开发程序和强大的编译器。目前最流行的版本仍是 Fortran 90 版本，后续更新的版本还有 FORTRAN 2008、FORTRAN 2018，未来可能还会迎来 FORTRAN 202x。

**另请参阅**

▶ COBOL 语言，第 106—107 页

信息时代早期的打孔卡片
阅读器。

1954年
FORTRAN 语言

1954年
光伏板

1954年
微波激射器

# 光伏板和可再生能源

1873 年，威洛比·史密斯（Willoughby Smith）在爱尔兰瓦伦西亚电信站值班操作员约瑟夫·梅（Joseph May）的协助下，意外发现了半导体材料的光电特性，即其在阳光的作用下能产生电流。他们发现，当太阳光照射到构成传输系统一部分的硒电阻器时，通信就会受到严重干扰。而当操作员走到阳光和电阻之间，挡住阳光时，通信就恢复了。维尔纳·冯·西门子（Werner Von Siemens）对这一现象进行了研究，于 1875 年向柏林科学院提交了一篇关于光电效应的论文。

后来，尽管光电现象一直是一个有趣的研究方向，但它直到 1950 年才再次成为研究的焦点。

20 世纪 50 年代初，美国电话电报公司的研究员拉塞尔·休梅克·奥尔（Russel Shoemaker Ohl）注意到，当阳光照射在硅片上时，会出现超出预期数量的自由电子。1954 年，同样是在美国电话电报公司，杰拉尔德·皮尔逊（Gerald Pearson）、卡尔文·富勒（Calvin Fuller）和 D.M. 蔡平（D. M. Chapin）一起制造了一个硅条阵列，将其置于阳光下后，检测到了电流。这就是第一个硅光电池。

光伏太阳能电池板已成为开发可再生能源的重要解决方案之一。虽然早期的太阳能板产量很低，但随着工艺的提高，其转换效率可超 20%。光伏技术多种多样，包括单晶、多晶、非晶硅、薄膜等多种类型。通过开发复杂材料或利用元素周期表中的其他第三到第五族化合物，预计未来太阳能电池的转换效率有望达到 30%。

**家族节能与创新利器**

在法国，光伏板可以按户单独安装。用户可以自用产生的电力，也可以将其出售给电网。因此，安装私人太阳能电池板不仅可以大大减少家庭电费支出，还可以创造固定收入。根据法国的现行法律，居民可出售自产电力的期限为 20 年。

上海外滩的光伏电池板
装置。

# 微波激射器

微波激射器（Microwave Amplification by Stimulated Emission of Radiation，MASER）是激光技术（Light Amplification by Stimulated Emission of Radiation，LASER，简称"激光"）的前身。它们的工作原理是一样的，不同之处在于前者是在微波领域，后者则是在可见光领域。微波激射器和激光器都产生相干波。相干波是单色波，以单一频率发射，振动方向相同，相位差恒定，使得所有波形同步。此外，这些波是被激发出来的，因为它们要在材料内部反复反射和放大后才能被激发射出。

微波激射器应用于干涉测量和计量学，也被用来为原子钟提供参考频率。

1951 年，苏联的 V.A. 法布里坎特（V. A. Fabrikant）申请了一项放大电磁辐射的专利，从而推动了微波激射器的发明。在第二次世界大战期间，美国致力于研发新的雷达系统。物理学家查尔斯·H. 汤斯（Charles H. Townes）在贝尔实验室从事这一方向的研究。1947 年，他开始建造一个新的微波发射源。在这一工作基础上，J. P. 戈登（J. P. Gordon）、H. J. 蔡格（H. J. Zeiger）和查尔斯·H. 汤斯于 1954 年建造了一个微波激射器。同年，汤斯遇到了两位采用同样方法从事微波激射器研发的苏联研究人员，莫斯科列别杰夫物理研究所的尼古拉·G. 巴索夫（Nicolay G. Basov）和亚历山大·米哈伊洛维奇·普罗霍罗夫（Aleksandr Mikhaïlovitch Prokhorov）。3 人共同获得 1964 年的诺贝尔物理学奖。

汤斯博士（右）和助手
J. P. 戈登（左），摄于
1964 年。

1954 年
微波激射器

1955 年
超声波

1956 年
硬盘

# 超声波及其广泛应用

超声波的频率最低是 20 kHz（千赫兹），远高于人耳感知范围。1955 年，瑞典心脏病专家英奇·埃德勒（Inge Edler）首次将超声波技术应用于医学成像。他基于雷达技术开发了超声波医疗成像工具，使用"超声波探头"来发射超声波并接收其回波。

医学超声检查没有危害，因为它不使用 X 射线，没有辐射。它的一个主要应用是监测怀孕进程，可以提供孕妇子宫内胎儿的图像。检查过程中，操作者手持含有石英晶体的探测器操作，石英晶体在电脉冲的作用下振动发出指向检查器官的超声波。随后，器官返回的回声被转换为屏幕上显示的图像，供医护人员判断分析。

另外，多普勒超声技术可以检测组织结构的动态信息，并将其转化为可感知的声音或曲线图。通过给血流方向赋予颜色编码，可以直观地看到血管中流动的血液。这一技术需要两个传感器，一个用于连续发射超声波，另一个用于拦截回波。

超声波的工业应用也日益广泛，特别是在材料和焊缝质量控制、缺陷检测、塑料加工和焊接、液体处理、污水污泥或工业残留物清洗、均化或预处理、矿藏勘探，以及炸药的遥控爆燃等方面发挥重要作用。

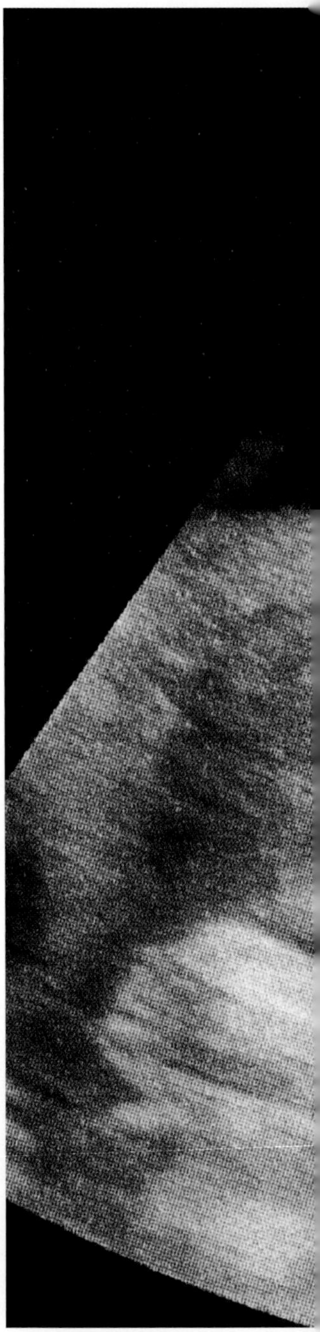

**另请参阅**

▶ 洞察水下的声呐技术，第 36—37 页

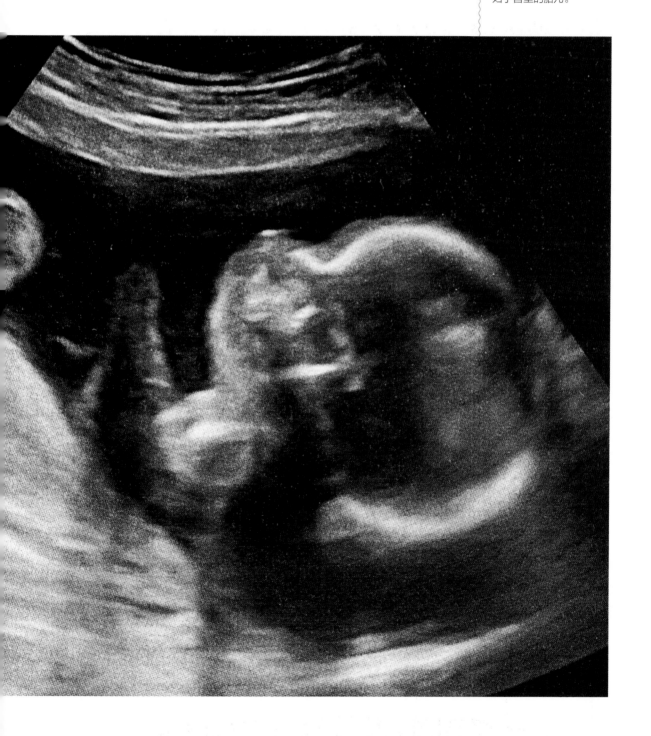

超声检查能够清晰显示孕妇子宫里的胎儿。

# 著名的电磁感应实验

　　1831 年，英国科学家迈克尔·法拉第（Michael Faraday）在英国皇家研究院的实验室工作。他从汉斯·克里斯蒂安·奥斯特（Hans Christian Oersted）的电磁学实验中汲取灵感，设计了两个闭合电路，每个都由 100 米长的绝缘电线缠绕在木制圆筒上组成线圈，一个电路与一个电池相连，另一个与电流计相连。法拉第惊讶地发现，当电流流经第一条电路时，第二条电路中的电流计会偏转片刻，然后恢复静止。当电流断开时，电流计同样会发生偏转。除此之外，没有任何现象发生。法拉第把第二条电路上检测到的电流称为"感应电流"。

　　这场著名的电磁感应实验奠定了一系列电磁学技术的基础，先后催生了电机、发电机、交流发电机和变压器等设备。后来又促成了日常使用的电磁炉的诞生。电磁炉表面由玻璃陶瓷制成，使用了三端双向交流开关来控制电流。

电磁炉是基于法拉第电磁感应原理的应用，早已走进千家万户。

# 硬盘的演变

　　硬磁盘极大地提高了计算机的存储容量，以适应越来越复杂的程序和不断膨胀的数据量。

　　1956 年，IBM 制造了世界上第一个硬磁盘（以下简称"硬盘"），随后商用在 RAMAC 305 型磁盘驱动器中。驱动器机柜高 1.72 米，长 1.52 米，宽 0.74 米，重量超过 1 吨，包含 50 个直径 61 厘米的磁盘。总数据存储量为 5MB，数据传输速度为每秒 8.8 千字节。从外观看，其体积几乎与两台冰箱相当。而这样一套装置价值不菲，约合 43,000 美元。

　　1973 年，IBM 又推出了 IBM 3340 型磁盘驱动器，又叫温彻斯特硬盘。该硬盘将磁盘嵌入一个封闭的外壳中，防止灰尘进入。磁盘旋转读写数据时，磁头悬浮在盘片上方一段距离，不与之接触，从而磁盘得以高效旋转。

　　1979 年，第一个采用 8 英寸（约 20 厘米）直径的硬盘问世。1980 年，美国希捷公司继续开发这项技术，将其应用于微型计算机，并研制了 5MB 容量的 5.25 英寸（约 13 厘米）直径的硬盘。1983 年，苏格兰 Rodime 公司更进一步，推出了第一款 3.5 英寸（约 9 厘米）硬盘。

　　1988 年，康纳公司发布了首款 3.5 英寸，盒匣为 1 英寸（2.54 厘米）高的硬盘，该规格被沿用下来，成为硬盘的制造标准。在当时，硬盘的转速通常为 5400 转 / 分，为了提高读写速率，希捷公司在 1992 年推出了一款转速达到 7200 转 / 分的硬盘。至于尺寸更小的 2.5 英寸（约 6.3 厘米）硬盘，则是在 20 世纪 90 年代上市的。

**个人计算机和硬盘**

1981 年，IBM 推出了第一台个人计算机。当时没有配备硬盘存储，而是只装了 5.25 英寸软盘驱动器。直到 1983 年，才出现了首款配有硬盘的个人计算机。苹果公司采用了不同策略，起初 Apple Ⅱ 系列并不配备硬盘，而是配备了磁带驱动器作为数据存储手段。但是不久之后，Apple Ⅱ 就补充配备了用于满足市场需求的磁盘驱动器。

**另请参阅**

▶ 第一个可移动硬盘，第 238—239 页
▶ 固态硬盘（SSD）取代机械硬盘，第 286—287 页

硬盘的内部由盘片堆叠而成。读写时，磁头悬浮在旋转的盘片上；静止时，磁头停在停放区。

# 用于调节光、速度和功率的晶闸管

　　无论是工业生产还是日常生活领域，能够控制功率的半导体元件的一系列应用已经在某种程度上彻底改变了世界，尤其是在调光器（用于照明）、调速器（用于调节电钻的速度）和功率控制器方面。

　　这一切都始于 1957 年在贝尔实验室发明的可控硅（Silicon Controlled Rectifier，SCR，也称"晶闸管"），它的优势明显，迅速取代了旧的气体闸流管。它可以瞄准电流交替中的一个特定点，在电流周期中的任何时刻开启，正是这一特性使得能通过的电流量得到精确控制。

　　双向晶闸管（TRiode Alternating Current，TRIAC）由两个串连的晶闸管组成。它装有 3 个电极，能够传导和阻断两个交流电压。它由通用电气公司在 1963 年发明。双向晶闸管可以在两个极化方向上从阻断状态切换到传导状态，并通过改变电压（例如，如果它在主电源上运行，则通过主电源零点）或减少维持电流，回到阻断状态。它在调光器、调速器和功率控制器等应用中发挥关键作用。

　　可关断晶闸管（Gate Turn-Off thyristor，GTO）于 1970 年问世，是晶闸管的一个改良版。它可以通过逆转控制电压而重新关合。集成门极换流晶闸管（Integrated Gate Commutated Thyristor，IGCT）用于 6kV 以上的高压工作。

　　绝缘栅双极晶体管（Insulated-Gate Bipolar Transistor—IGBT）于 1982 年被开发并用作电子开关，主要用于数十千瓦的中等功率范围。

法国高速火车线路（TGV）使用的供电制式为频率 50Hz、电压 25,000V 的交流电，半导体功率控制器可以用来调控电压和频率。

1957 年
晶闸管

1958 年
RAM

1958 年
起搏器

# RAM——存储技术的突破

目前，为计算机提供主要存储的集成电路存储器是随机存取存储器（Random Access Memory，RAM），它可以任意读取和写入，并广泛应用于其他领域。英国教授弗雷德·威廉斯（Fred Williams）与汤姆·基尔伯恩（Tom Kilburn）合作利用电子管开发了第一个RAM，于 1958 年被应用于代号"宝贝"的计算机，这是一台英国曼彻斯特市维多利亚大学设计的小规模实验机。

早在 1966 年，IBM 在为美国航空航天局开发的 System 360/95 中就引入了只有 16 比特的半导体 RAM。当时，每个存储单元需要 4 ~ 6 个晶体管。同一年，在 IBM 的另一个研究小组中，罗伯特·登纳德（Robert Dennard）率先设计了一个只需要单个场效应晶体管的存储器。1968 年，他为该发明申请了专利。

自此以后，RAM 主要分成两种类型：①静态 RAM（SRAM），其存储单元是需要由 4 ~ 6 个晶体管构成的控制电路；②动态 RAM（DRAM），存储功能由之前被认为是寄生电容的电容器实现，并且这一电容器集成在单个 MOS 晶体管中。这样一来，集成密度便可以大大增加，使动态 RAM 成为目前主流的主存储器。

第一个静态 RAM 是在 1971 年由英特尔推出的。最初采用双极技术型号为 3101，能够存储 64 位的数据。然后，又推出了应用 PMOS 技术的 1101 型存储器。第一个动态 RAM 则是英特尔公司的 C1103 型产品，于 1970 年问世。随后，惠普率先将其应用到惠普 9800 系列可编程计算器中。

**存储条**

RAM 的存储条最初是单独的集成电路。为了方便使用，用作主存储器的 RAM 存储器后来被分为数个电路阵列，可以容纳以千兆字节计的数据。对台式计算机、笔记本电脑或其他设备来说，存储条的外观各不相同。

**另请参阅**
▶ ROM，第 150—151 页

适用于台式计算机的中央
存储器条，包含数个集成
电路。

1958 年
RAM

1958 年
起搏器

1959 年
集成电路

# 起搏器

在正常状态下，人体自主神经系统产生的神经冲动会经过心脏的 4 个腔室，即左右心房和左右心室，促使它们收缩和舒张。如果神经冲动不能正常传导，人可能会失去知觉、晕厥或猝死。因此，这种电神经脉冲对于心肌收缩至关重要。

起搏器的功能就是向衰竭的心脏发送电脉冲信号，人为地启动心脏收缩。第一台起搏器由奥克·森宁（Ake Senning）博士于 1958 年发明，由瑞典的公司制造，该公司后来被美国圣犹达医疗公司收购。起搏器最初被安装在人体外部，直到 20 世纪 60 年代初，瑞典首次将起搏器植入患者体内。

心脏起搏的外壳通常由钛制成，钛是一种对人体亲和力很高的金属。内部包含电池和电子模块，通过一个或多个探针连接到心脏。电子部件负责监测心脏自身的电脉冲，当自主心跳过缓时，它会下达发送电脉冲的指令。电脉冲由电池供电，由探头传输到心肌，进而触发心跳。因此，起搏器仅在心脏产生的心率低于阈值频率时工作。

多种类型的起搏器可以应用于不同疾病的治疗。例如，频率适应性起搏器具有一个传感器，能够检测患者的身体活动水平，并根据患者的活动情况自动调整起搏频率。

**伽伐尼**

意大利物理学家和内科医生路易吉·伽伐尼（Luigi Galvani）发现，神经的电刺激会导致与其相连的肌肉收缩。1791 年，他在心脏实验中成功地验证了这一点。他用拉丁文发表了论文《论肌肉运动中的电力》（*De viribus electricitatis in motu musculari. Commentarius*）。

**另请参阅**
▶ 心电图和脑电图，
    第 20—21 页

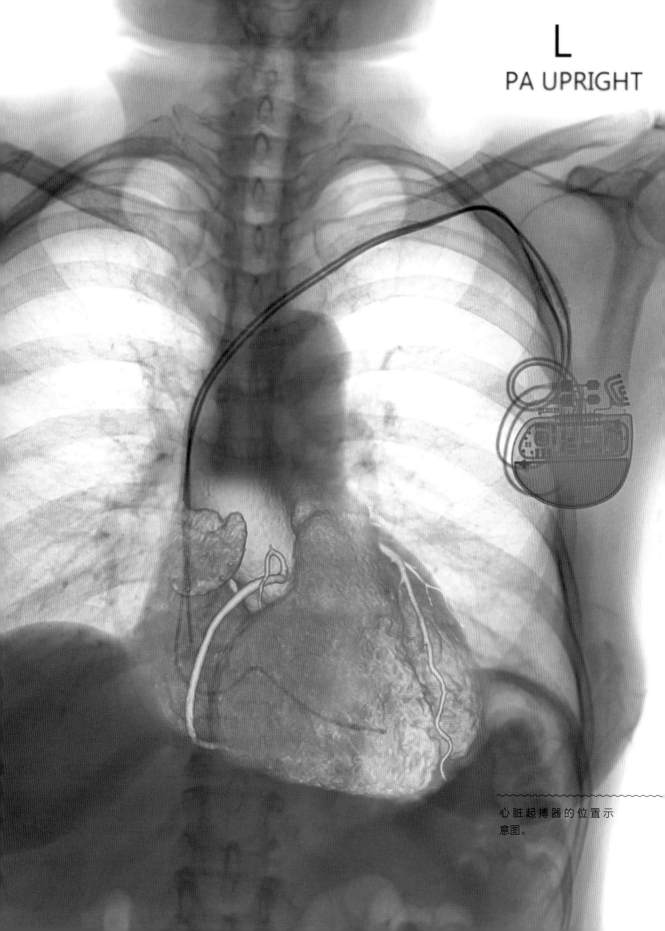

心脏起搏器的位置示意图。

# 集成电路

将组件集成到硅片上的想法可能最早来自英国皇家雷达研究所的研究员乔治·威廉·阿诺德·达默（Georges William Arnold Dummer）。1952 年，在华盛顿举行的电子元件会议上，他富有预见性地提出："随着晶体管的出现和半导体被广泛应用，现在我们似乎可以设想电子设备在一个没有连接线的固态电路（集成电路最早的名称）中的应用了。该固态电路可以由绝缘、导电、整流和放大材料层组成，电子元件功能可以是通过切割直接连接来实现不同层的区域。"

然而，这一构想的实现要归功于另外两个人：德州仪器公司的杰克·圣克莱尔·基尔比（Jack Saint Clair Kilby）和仙童半导体公司的罗伯特·诺伊斯（Robert Noyce，昵称鲍勃·诺伊斯）。杰克·基尔比就读于威斯康星大学，1947 年，他在一家无线电部件制造商公司担任工程师，随后搬到得克萨斯州达拉斯市，加入德州仪器公司。基尔比对晶体管十分着迷。他后来感激地说："德州仪器是唯一一家同意让我全职从事电子元件小型化工作的公司。"1958 年，基尔比开始探索如何让电子元件的尺寸更小。他知道如何制造各个集成组件，但问题在于如何在部件间建立互联。当时的锗晶片只能容纳 25 个台面型晶体管，基尔比便用一个锗晶片，通过金丝连接晶体管和电阻、电容器等器件，制造出了第一个集成电路。该电路运行良好，并于 1959 年在美国电气和电子工程师学会的展览上展出。基尔比随后申请了集成电路专利，后来于 2000 年获得诺贝尔物理学奖。但集成电路的商业化还要等到罗伯特·诺伊斯发明了平面工艺后才得以实现。

**60 多项发明专利**

除了集成电路，杰克·基尔比还发明了 1972 年德州仪器销售的袖珍计算器和收银机中使用的热敏打印机。他共申请了 60 多项发明专利。"基尔比奖"的设立就是为纪念他对科技的贡献，表彰对创新、发明和教育做出卓越贡献的研究人员。

**另请参阅**
▶ 平面工艺，第 102—103 页

将硅片放入扩散炉进行加工，用于生产集成电路。

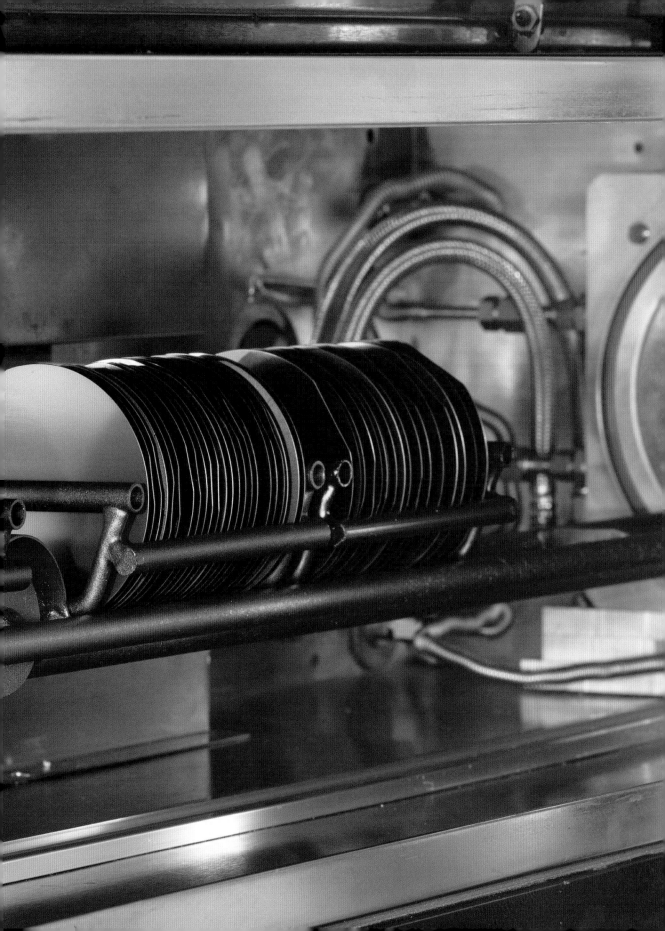

1959 年　　　　　1959 年　　　　　1959 年

集成电路　　　　平面工艺　　　　小型计算机

# 平面工艺

1959 年 1 月，罗伯特·诺伊斯带领仙童半导体公司的研发部门，探索在平面基板上制造晶体管的技术。为了分隔在同一基板上制造的邻近组件，诺伊斯想到了 PN 结，这样就形成了一种理论上电荷无法通过的隔离墙。此外，为了实现元器件之间的互连，他还建议在真空状态下向电路表面添加金属沉积物，将铝层与硅晶圆隔离。正是诺伊斯发明的平面工艺，让集成电路的制造成为可能。

自那以后，集成电路的制造技术飞速发展。德州仪器公司和仙童半导体公司之间关于集成电路的发明权产生过争议，后来以协商一致结束。德州仪器公司采用了诺伊斯的设计理念，并于 1960 年推出了第一个军用集成电路。1961 年，德州仪器公司和仙童半导体公司都开始生产逻辑集成电路，并分别推出了著名的系列产品：德州仪器的 54/74 逻辑系列和仙童半导体的 Microlo GIC 系列。

由于发明了平面工艺，罗伯特·诺伊斯应该和杰克·基尔比一样站上诺贝尔奖的领奖台。但遗憾的是，诺贝尔奖向来只授予在世的科学家，而罗伯特·诺伊斯不幸于 1990 年与世长辞，未能获此殊荣。基尔比于 2000 年获得诺贝尔物理学奖。

**罗伯特·诺伊斯在硅谷的职业生涯**

1953 年，罗伯特·诺伊斯在麻省理工学院获得博士学位后，加入贝克曼仪器公司的肖克利实验室。随后，他和威廉·肖克利及其他 7 名合伙人一起，创立了仙童半导体公司。1968 年，他与戈登·摩尔（Gordon Moore）一起离开仙童半导体，在加利福尼亚州硅谷成立了英特尔公司。该公司很快迎来了第三位联合创始人安德鲁·格罗夫（Andrew Grove）。

显微镜下的英特尔奔腾 P4 微处理器芯片，2000 年制造，大小约 130 平方毫米。它看起来是否像一幅抽象艺术作品呢？

**另请参阅**
▶ 集成电路，第 100—101 页

1959 年
平面工艺

1959 年
小型计算机

1959 年
纳米技术

# 小型计算机的黄金时代

小型计算机是介于早期的大型计算机和微型计算机之间的过渡产品。第一台小型计算机是 1951 年由肯尼斯·J. 奥尔森率领团队在麻省理工学院研发完成，被称为"旋风"。它的独特之处在于首次利用了铁氧体磁芯作为存储器。

奥尔森于 1957 年成立了美国数字设备公司。1959 年至 1960 年间，该公司制造了第一台商用小型计算机 PDP-1，随后于 1963 年制造了 PDP-5。PDP-5 使用晶体管和铁氧体环形存储器，价值约 30,000 美元。两年后，新一代的 PDP-8 问世。它搭载了集成电路，工作速度是原来的 2 倍，而且成本被压缩到了 10,000 美元。更为先进的 PDP-11 于 1976 年首次亮相，使用的是家用微处理器。它比 PDP-8 快 1.5 倍，中央处理单元采用了 LSI-11 阵列卡，体积小巧。它的售价也进一步降到 650 美元。

1962 年，法国开始使用电子和自动化公司生产的 CAB 500 微型计算机。1966 年，布尔通用电气公司制造了一款小型台式计算机 Gamma 55，中央存储器使用打孔卡片，容量为 5000 字节。1971 年，法国的国际信息产业公司（Compagnie Internationale pour l'Informatique，CII）推出了微型计算机 MITRA 15。它由计算机科学家艾丽斯·玛丽亚·勒科克（Alice Maria Recoque）在法国国家信息与自动化研究所开发。

伴随微型计算机的兴起和发展，计算机类别的界限变得模糊，因为它们都是以微处理器为核心构建的。

**频繁的收购**

美国数字设备公司长期以来一直是全球第二大 IT 公司，仅次于 IBM。该公司于 1998 年被康柏计算机公司收购，康柏随后又被惠普收购。1975 年，CII 公司并入霍尼韦尔 - 布尔公司，并将其主要业务转移到欧洲小型计算机系统公司。1982 年，布尔集团完成了对该公司的收购。

**另请参阅**
▶ 大型计算机主导的时代，第 72—73 页
▶ 第一台使用微处理器的个人计算机，第 174—175 页

小型计算机 PDP-8，美
国数字设备公司制造。

# 曾广泛使用的 COBOL 语言

COBOL（Common Business-Oriented Language）语言是发明于 1959 年的一种面向商业管理领域的编程语言。COBOL 是英文"通用的业务导向语言"的缩写。后来，它成为 20 世纪 60 年代至 80 年代应用最广泛的编程语言。

格蕾丝·默里·霍珀（Grace Murray Hopper）是主要发明者之一。她原本是一名数学家，但早在 1952 年发表的文章《计算机的教育》（*The Education of a Computer*）中就提出了可重用软件的概念，并且主张程序编写应该用接近英语的自然语言，而不是复制机器语言。

霍珀开发了一个编译器，可以将高级编程语言（COBOL 语言）翻译成机器语言（二进制语言）。

COBOL 标准制定委员会汇集了 6 大计算机制造商（巴勒斯公司、IBM 公司、明尼阿波利斯 - 霍尼韦尔公司、美国无线电公司、斯佩里·兰德公司和西万尼亚电器公司）和 3 大机构（美国空军、卡德罗克海军水面作战研究中心和美国国家标准研究所）的专家。

格蕾丝·霍珀在穿孔纸带计算机前工作。

1959 年
小型计算机

1959 年
纳米技术

1960 年
霍尔效应

# 费曼设想的纳米技术

美国物理学家理查德·菲利普斯·费曼（Richard Phillips Feynman）被认为是纳米技术的先驱。

1959 年 12 月 29 日，费曼在加州理工学院举行的美国物理学会年会上提出了关于纳米技术的前瞻性构想。他提出一个问题："我们能否把 24 卷《不列颠百科全书》记录在一个别针头上？设想一下，针头直径约为 1.5 毫米，如果放大 25,000 倍的话，其表面积正好放得下所有页面。因此，将书上所有内容缩小至 1/25 000 就足够了。这可能实现吗？眼睛的分辨率约为 0.2 毫米，大概是使用半色调技术印刷出来的《不列颠百科全书》中一个墨点的直径。如果该点缩小至 1/25 000，其直径就是 80 埃，相当于 32 个普通金属原子直径。换句话说，即使是一个小点，它的表面也包含 1000 个原子。"

费曼随后继续完善这一设想，进一步用体积存储替代平面存储，每比特信息由 100 个原子储存。"这样一来，人类有史以来细心收集的所有书籍信息都可以写在一个小小的立方体中，边长 0.1 毫米就足够，这相当于人眼能分辨出的最小灰尘。"

凭借其在量子电动力学领域的出色工作，费曼于 1965 年获得诺贝尔物理学奖。此外，他还在洛斯阿拉莫斯国家实验室参与了第一颗原子弹的研制。

理查德·菲利普斯·费曼在黑板前做推导。

**另请参阅**
▶ 看得到原子的隧道显微镜，第 214—215 页
▶ 纳米技术和纳米管，第 250—251 页

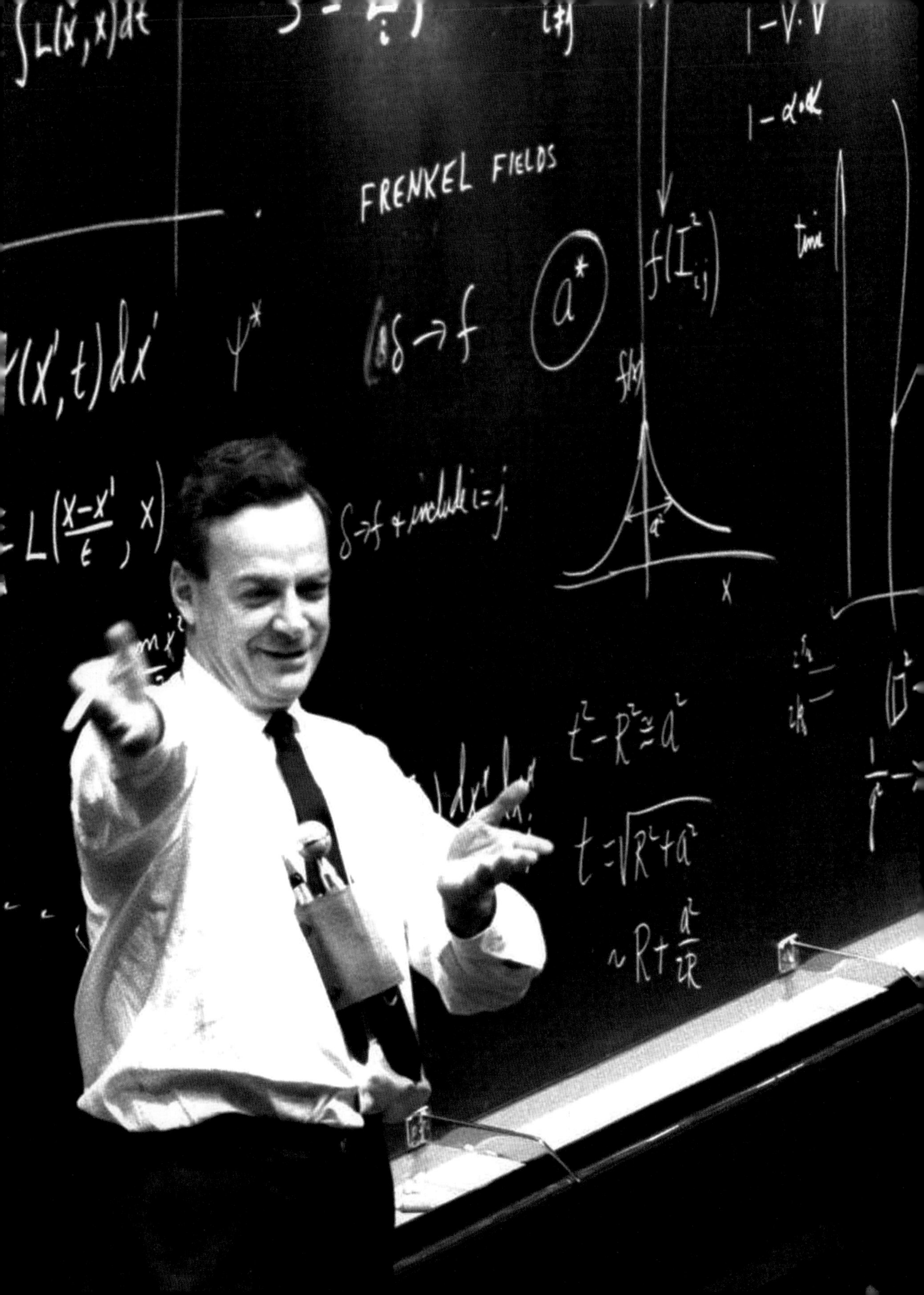
FRENKEL FIELDS

# 工业测量中的霍尔效应

1879 年，美国物理学家埃德温·赫伯特·霍尔（Edwin Herbert Hall）在约翰斯·霍普金斯大学攻读博士学位时发现，如果施加一个磁场，在电流流过的铜棒上就会出现横向电位差。这是由于磁场对电子产生了影响，这种效应就被命名为"霍尔效应"。

20 世纪 60 年代以前，霍尔效应主要用于科学研究，用来检测固体中电荷载体的性质、密度和运动信息。但随着锑化物和砷化铟等半导体材料的出现，霍尔电压得以大幅提高。霍尔效应随后在工业和测量领域大展身手。

基于霍尔效应原理制成的传感器可以测量磁场，如特斯拉计；也可以检测电流强度，如电流钳。此外，还被用于一些非接触式位置传感器或检测器，比如用来检测汽车旋转轴（变速箱、万向轴等）的位置。霍尔效应还应用于铁路设备中的速度测量系统，或是应用于现代音乐设备的键盘，例如，风琴、数字风琴、合成器等。

霍尔效应在人造卫星领域也发挥重要作用，它被用来制造卫星的推进器——离子推进器。离子推进器是一种等离子体推进器，它也被称为霍尔效应推进器，利用电场来加速离子，同时利用磁场捕获电子和电离气体。

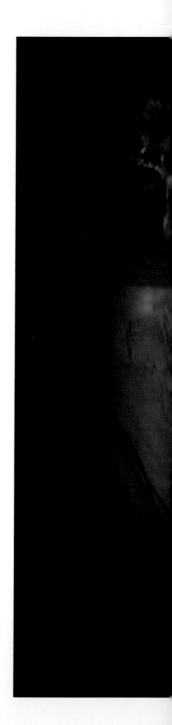

美国航空航天局格伦研究中心开发的磁屏蔽霍尔推力器HERMES。

# 非凡的激光

微波激射器诞生后，苏联人尼古拉·G. 巴索夫和亚历山大·米哈伊洛维奇·普罗霍罗夫（Aleksandr Mikhailovitch Prokhorov），以及美国人阿瑟·伦纳德·肖洛（Arthur Leonard Schawlow）和查尔斯·H. 汤斯（Charles H. Townes），将受激发射和光泵浦理论应用于可见光波，从而得到了激光（laser），意思是"透过受激辐射产生并放大的光"，是一种放大的相干光。汤斯、巴索夫和普罗霍罗夫因发现了激光，被共同授予 1964 年的诺贝尔物理学奖。

1957 年，制造了气体激光器后，汤斯的学生戈登·古尔德（Gordon Gould）于 1965 年定义了"激光"这一术语。1960 年，加利福尼亚州休斯研究实验室的美国学者西奥多·梅曼（Theodore Maiman）制造了世界上第一台可运行的激光设备。

此后，激光技术的研究迅猛发展。伊朗裔美国物理学家阿里·贾范（Ali Javan）博士于 1960 年设计了第一台氦氖气体激光器，钱德拉·库马尔·纳兰巴伊·帕特尔（Chandra Kumar Naranbhai Patel）则于 1964 年开发了二氧化碳激光器。1962 年，罗伯特·霍尔（Robert Hall）开发了一种用于电子和电信的专用激光器。随后，希尔德雷斯·沃克（Hildreth Walker）也发明了一种激光遥测和定位系统。弗雷德里克·R. 肖尔哈默（Frederick R. Schollhammer）紧随其后，于 1968 年申请了便携式激光枪的专利，即便携式光束发生器。之后还有来自 IBM 的彼得·索罗金（Peter Sorokin）和 M.J. 史蒂文森（M. J. Stevenson）发明的晶体激光器，以及贝尔实验室的唐纳德·赫里奥特（Donald Herriott）、威廉·R. 贝内特（William R. Bennett）和阿里·贾范（Ali Javan）发明的气体激光器。此外，通用电气公司、贝尔实验室、IBM、林肯公司等也相继发明了液体和半导体激光器。

1981 年，肖洛因在激光光谱学领域的出色工作获得了诺贝尔物理学奖。2018 年，法国人热拉尔·穆鲁（Gérard Mourou）发明了啁啾脉冲放大技术（Chirped Pulse Amplification，CPA），制造出超强烈的激光脉冲，该发明使穆鲁获得了 2018 年的诺贝尔物理学奖。但值得注意的是，尽管梅曼制造了第一台激光机器设备，但并未获得诺贝尔奖。

红色的激光束。

**另请参阅**
▶ 微波激射器，第 86—87 页
▶ 不容小觑的激光，第 114—115 页
▶ "星球大战"中的激光，第 226—227 页

# 不容小觑的激光

当激光刚被发明时，人们曾开玩笑说："发明激光就是没事找事。"在法国，人们也说："激光毫无用处！"然而事实是，激光的应用领域在不断拓展。在工业材料加工方面，它可以用来进行热处理、金属部件表面沉积、部件间接合或焊接、钻孔、精确切割、建筑物或艺术品的清洁等。在医疗方面，激光可以应用于视网膜重接修复、针灸、外科手术、光纤探头诊断、伤口愈合、烧灼等。在气象学和遥测学方面，激光可用于军事应用方面的制导、激光诱导热核聚变、角速度测量，以及激光打印或读取 CD 或 DVD 和条形码等。

激光在巴黎有一次著名的应用案例，它曾被用于 20 世纪 70 年代初在建的蒙帕纳斯大厦主楼电梯井的校准。

激光可以切割一切材料，包括金属、纺织品、纸张、纸板、陶瓷、复合材料、皮革、玻璃等。

# 小　结

遗憾的是，尽管法国制动和信号公司有直接开发晶体管的潜力，但法国却没有从中发展出一个强大的半导体产业。当时人们没有充分认识到计算机的重要性，政府的意愿也不强烈，因此导致相应的研发资金不足。在当时，法国将更多的赌注押在了原子武器上。

为了发展原子武器，法国曾试图计划从美国进口高性能计算机，却遭到美国的拒绝。戴高乐将军执政时期，法国政府于 1966 年启动了"计算计划"，成立了国际信息产业公司（CII），目的是研发出制造原子弹所需要的高性能计算机。1975 年，CII 被霍尼韦尔 - 布尔公司收购，重组为 CII- 霍尼韦尔 - 布尔公司，1982 年更名为布尔公司。

1978 年年底，法国总统瓦莱里·吉斯卡尔·德斯坦（Valéry Giscard d'Estaing）领导下的法国政府制订了一项集成电路发展计划。但是，和后续的一系列计划一样，该计划以失败告终，以至于法国计算机行业的发展只能依靠企业家自发探索。不幸的是，20 世纪 80 年代的法国政府甚至拒绝了英特尔在法国建立研究中心或生产工厂的申请。

后来，法国的计算机技术曾一度在某些领域再次领先，像法国通用电气公司研究中心制造出世界上功率最大的激光器，遗憾的是后来被美国超越。

信号中继塔。

在成果丰硕的 20 世纪，有四项科技成就特别突出，它们在十几年间相继出现。第一项科技成就是互联网的诞生，它的重要性毋庸置疑；第二项科技成就是微处理器的发明，它的出现推动了人类社会进入后工业时代；第三项科技成就是微型计算机的发明；第四项科技成就是自动化的发展，它与前两项科技成就相关联，催生了机器人和人工智能技术。

微处理器是由创建英特尔公司的团队发明的，而微型计算机是法国电子研究与制造公司（Réalisations et études électroniques，R2E）的弗朗索瓦·热尔内尔（André Gernelle）的作品，他在公司创始人安德烈·特鲁昂（André Truong）的指导下完成了这项工作。微处理器和微型计算机的出现使计算机开始普及，变得无处不见且价格亲民。有时，人们甚至可以通过计算居民人均拥有的微处理器数量来衡量一个国家文明进步的水平。

# 互联网

# 激光二极管

激光二极管与发光二极管（LED）类似，它们都能发射光子，但激光二极管发射的光具有相干性。也就是说，它发射的光频率相同、相位差恒定。

1961 年，苏联科学家尼古拉·G. 巴索夫提出使用半导体 PN 结来产生激光发射。一年后，美国通用电气公司的罗伯特·霍尔使用一个冷却的砷化镓基片成功制造了世界上第一个激光二极管。1970 年，贝尔实验室的研究团队与来自苏联的研究团队合作开发出能在室温下工作的激光基片。

日亚化学公司的日本物理学家中村修二（Shuji Nakamura）在 1996 年开发的蓝色激光二极管被称作第二代激光设备。他于 1989 年开始着手研究，并在 1993 年生产了市面上的第一个蓝色二极管。1996 年，他将其改造为蓝色激光二极管。

2002 年，法国汤姆逊多媒体公司、荷兰飞利浦公司，日本的索尼、松下、日立、先锋和夏普公司，以及韩国的三星电子和 LG 电子公司，在蓝光光盘联盟的支持下联合宣布了一项协议，对采用蓝色激光二极管的一代蓝光刻录机的标准达成一致。蓝光光盘能够存储 25 GB 或 50 GB 的数据，远超出 DVD 仅为 4.7 GB 或 8.5 GB 的容量。

**激光二极管的广泛应用**

激光二极管主要应用于电信领域，因为它们具有易于调制的特性，并且可以耦合到光纤上。激光二极管被应用于医学等测量仪器中，例如，遥测仪、条形码扫描器和激光指示器等。此外，激光二极管还应用于印刷、光磁盘、工业处理、照明、光谱分析等多个领域。

**另请参阅**

▶ 非凡的激光，第 112—113 页

激光二极管可以用来刻
录数据和读取光盘上的
信息。

1961 年
激光二极管

1962 年
电子游戏

1962 年
发光二极管（LED）

# 互动式电子游戏

目前，电子游戏已经发展成为一个成熟的产业，其营业额已经超过了电影产业。电子游戏的终端最初是小型计算机，随后扩展到商场或咖啡店的专用终端，然后是游戏机。在微型计算机诞生后电子游戏立即转移到了微型计算机，最终发展到智能手机和平板电脑。

公认的第一个互动式电子游戏是《太空大战》。1962 年，美国麻省理工学院的学生斯蒂芬·拉塞尔（Stephen Russel）、J. M. 格雷茨（J. M. Graetz）和 W. 维塔宁（W. Wiitanen）在数字设备公司的一台 PDP-1 小型计算机上开发了这个游戏。

第一台游戏机是 1966 年由德国人拉尔夫·贝尔（Ralph Baer）发明的，他于 1938 年移居美国并从事相关工作。1972 年，这台游戏机以米罗华奥德赛一代（Magnavox Odyssey I）的名字公开发售。它与电视机相连，并附带了 6 个卡带，其中包含有 13 个游戏。同年，诺兰·布什内尔（Nolan Bushnell）和泰德·达布尼（Ted Dabney）成立了雅达利公司，这个名字来源于围棋游戏。他们推出了第一款街机视频游戏《乒乓》，由阿尔·奥尔康（Al Alcorn）编写。

1973 年至 1976 年间，超过 20 家公司开始生产游戏机，包括美国无线电公司、国民半导体、哥伦比亚广播公司、仙童半导体等。仙童半导体开发了第一台带有可更换卡带的彩色游戏机。1976 年，华纳以 2800 万美元收购了雅达利。同年，史蒂夫·乔布斯（Steve Jobs）还在为雅达利公司工作时创造了第一个破砖游戏《打砖块》。1979 年，日本 Taito 公司凭借《太空入侵者》等游戏进入市场。

1980 年，日本人岩谷彻（Toru Iwatani）设计了《吃豆人》，并交由鹿岛秀行（Hideyuki Mokajima）及其团队开发，随后风靡一时。该游戏角色的名字源自日语"paku paku"，表示嘴巴一张一合的动作和声音。

**巨大的市场**

2018 年，在全球范围内，依托苹果应用程序商店、Google Play 等平台的移动应用消费超过 1000 亿美元，其中 74% 来自游戏市场。根据市场研究公司 App Annie 的数据，法国移动游戏市场也相当繁荣，当年的游戏支出达到了 14 亿美元。

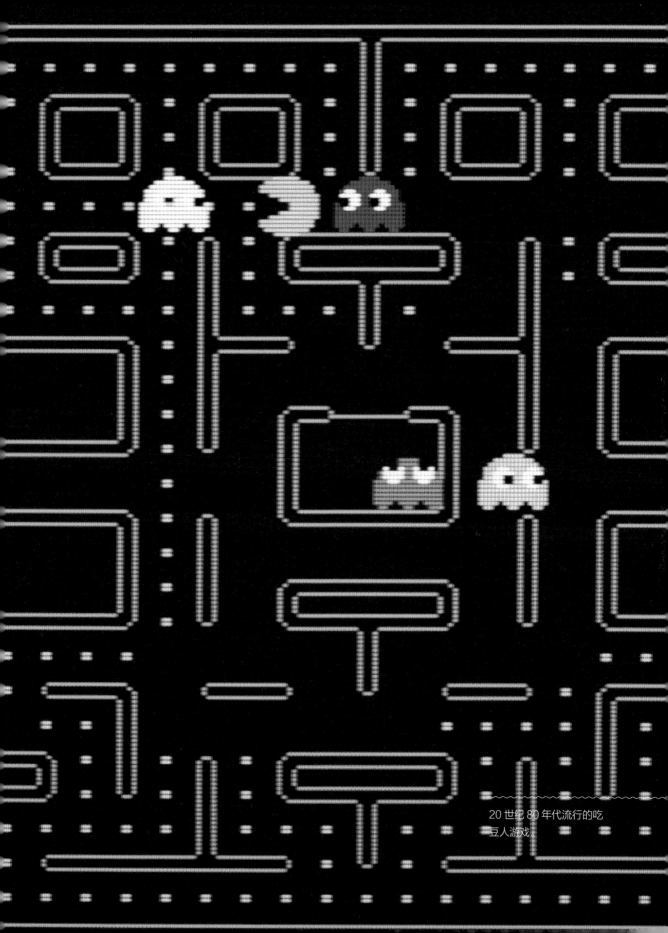

20 世纪 80 年代流行的吃
豆人游戏。

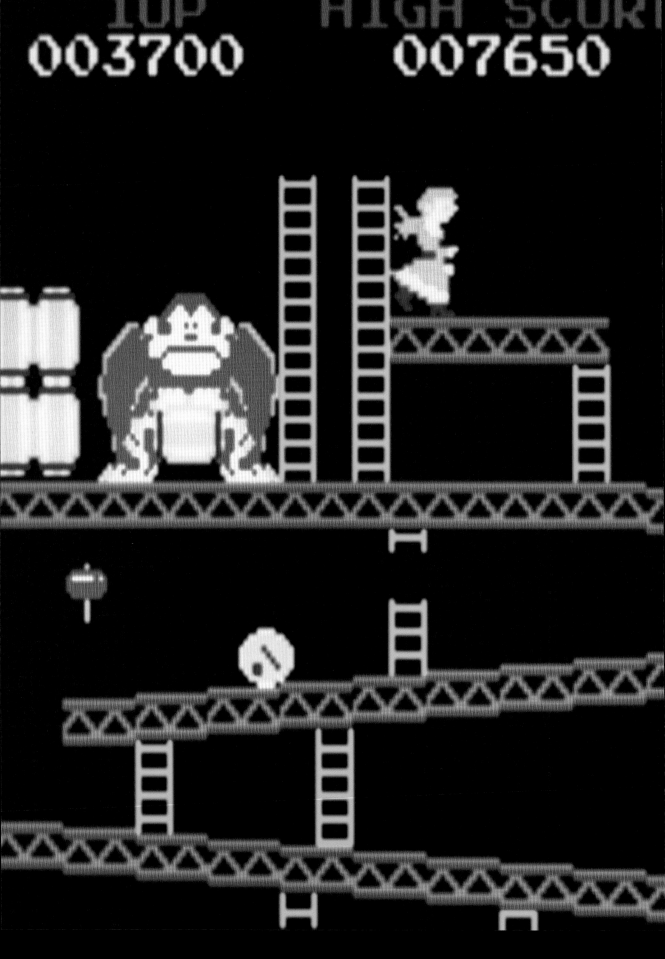

# 雅达利和大众化的电子游戏

　　1971年，诺兰·布什内尔与几个朋友以仅有的250美元起家合伙创立了Sygyzy公司，后更名为雅达利公司。1972年11月，该公司推出了第一款街机视频游戏《乒乓》。

　　1981年，宫本茂（Shigeru Moyamoto）为任天堂创作了经典游戏《大金刚》，主角是一个叫马里奥（Mario）的小胡子水管工。1982年，在布鲁斯·阿特威克（Bruce Artwick）及其BAO公司的研发基础上，微软继续开发了一款优秀的飞行模拟器，方便初出茅庐的飞行员训练。

　　1985年，苏联的阿列克谢·帕基特诺夫（Alexeï Pajitnov）推出了《俄罗斯方块》，这款单机游戏吸引了全球不少玩家。有趣的是，有传言称当时苏联发明这款游戏是为了降低西方的生产力。

　　随后游戏机市场飞速发展，任天堂、美泰、CBS、世嘉、索尼和微软等公司的产品纷纷问世。

任天堂的《大金刚》是20世纪80年代的另一款热门游戏。

1962 年
电子游戏

1962 年
发光二极管（LED）

1963 年
袖珍计算器

# 发光二极管（LED）

　　2000 年以来，发光二极管（LED）走进了千家万户。二极管可以用于制作显示屏（包括大型显示屏）和照明，节省了大量的能源。假设一个房间需要 150 瓦的白炽灯照明，那么用 LED 灯的话只需15 瓦。

　　当电流流经二极管时，LED 就会发光。二极管主要由元素周期表中Ⅲ～Ⅴ族元素组成的半导体制成。

　　LED 的发光现象是基于半导体发射光子，是由英国研究人员亨利·约瑟夫·朗德（Henry Joseph Round）于 1907 年在马可尼公司首次发现，随后在 1923 年由苏联下诺夫哥罗德无线电实验室的奥列格·弗拉基米罗维奇·洛舍夫进一步研究。1957 年，英国人J.W. 艾伦（J. W. Allen）和 P.E. 吉本斯（P. E. Gibbons）生产了第一个带有锌触点的 LED。1961 年，罗伯特·比亚德（Robert Bi-ard）和加里·皮特曼（Gary Pittman）制造了第一个砷化镓 LED。1962 年，通用电气的美国人尼克·霍洛尼亚克（Nick Holonyak）生产了一个发出红光的 LED。

　　第一批投入市场的 LED 元件是发红光的，1974 年左右绿光LED 问世，20 世纪 80 年代出现了蓝光 LED。1992 年，日裔美国科学家中村修二与物理学家赤崎勇（Isamu Akasaki）和天野浩（Hi-roshi Amano）共同开发了高亮度的蓝色氮化镓 LED。他们随后获得 2014 年诺贝尔物理学奖。

　　2015 年，人们意识到蓝光 LED 对眼睛有害，因此法规要求对产品分类，从 RG0（无风险）到 RG3（高风险）来评估其危害性。

**LED 在汽车中的应用**
LED 及 OLED 技术在汽车工业中被广泛用于环境照明、仪表板、门灯、指示灯（琥珀色灯）、倒车灯（白色灯）、刹车灯和夜灯（红色灯）、远光灯和近光灯等。它们表现出耐用性、坚固性和低耗电量。对每辆车来说，LED 大灯的能耗通常低于 30 瓦，而传统的卤素灯则需要 125 瓦。

**另请参阅**
▶ 等离子体在工业生产和显示器制造中的应用，第 222—223 页
▶ AMOLED 和 OLED 技术，第 262—263 页

LED 照明灯。

1962 年
发光二极管（LED）

1963 年
袖珍计算器

1963 年
运算放大器

# 袖珍计算器

1963 年，英国的贝尔冲床有限公司和 Sumlock 计算器有限公司推出了第一台电子计算器 Anita。这台计算机重量超过 15 千克，配备了几十个真空管，远未达到便携式的标准。一年后，索尼公司宣布推出第一个全晶体管台式计算器，使用辉光管进行显示。同年，夏普公司推出了 Compet CS-10A，佳能公司推出了 Canola 130，这两款都是晶体管化台式计算器，但它们仍然分别重达 15 千克和 30 千克，而且价格昂贵。

1968 年，惠普推出了 HP9100 型台式计算器，显示屏含有一个大型的阴极射线管，售价 4900 美元。一年后，夏普推出了首个使用罗克韦尔公司生产的特殊集成电路的计算器。1971 年，贝斯卡公司销售了一款带有 LED 显示屏的台式计算器 LE-120A。两年后，这款计算机才采用了英特尔的 4004 微处理器。

1972 年 1 月，惠普终于推出了第一款真正意义上的袖珍计算器，即 HP-35。惠普将其描述为"一款快速、高度精确的电子计算器，具有类似计算机的固态存储器"。它的价格为 395 美元，非常小巧，可以放入衬衫口袋，能够进行算术、三角函数和对数运算。几个月后，1972 年 7 月，电子组件制造商德州仪器公司紧随其后，推出了一款售价仅 140 美元的计算器。其他公司也加入竞争，例如，美国国民半导体公司在 1972 年年底推出了 39 美元的计算器。日本和东南亚国家也很快对生产计算器产生了兴趣，并推出了优质的计算器产品。这些产品以十分低廉的价格涌入市场，促进了计算器的普及。

**普通计算器和科学计算器**
计算器市场分为两大类：一类是大众市场销售的普通机器，能够满足大多数简单的应用需求；另一类则是科学计算器市场，起始于惠普的 HP-35。惠普随后推出了可编程计算器 HP-45，1976 年又推出了升级的产品 HP-65，这款产品允许将程序存储在磁卡上。当时，计算器编程普遍采用的是逆波兰表示法（RPN）。

袖珍计算器在 20 世纪末已成为老少皆宜、不可或缺的计算工具。

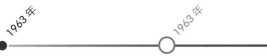
# 运算放大器

　　运算放大器在设计之初，旨在用于在模拟计算机中执行数学运算的。后来，它们变得无处不在，价格也大幅下降。放大器制造、工业测量、电机控制和温度、电压、电流、振荡器、PID（比例、积分和微分）调节等都有它的身影。

　　"运算放大器"一词发明于 1943 年，它的结构原理就是一种电子放大器，能够将两个输入端的电势差放大并输出到单个输出端，因此通常用三角形符号表示。通过选择合适的外部组件进行配置，以适应各种数学运算。美国菲尔布里克研究公司于 1952 年推出了第一款真空管放大器。1962 年，伯尔－布朗研究公司联合菲尔布里克研究公司开发了第一批模块化的固态产品，一举获得成功。

　　运算放大器随着集成技术的发展经历了真正的爆发式增长。首先是仙童半导体公司的 OP 放大器，产品型号为 μA702，由罗伯特·维德拉（Robert Widlar）于 1959 年设计，并于 1963 年上市销售。这是第一个被广泛使用的集成电路运算放大器。1965 年，维德拉又开发了 μA702 Toujours 运算放大器。1966 年，他离开仙童半导体，加入了当时刚刚起步的国民半导体公司。1967 年，他开发了另一款 OP 放大器 LM101，放大倍数相当高，可以达到 160,000 倍。

　　此后，许多其他产品相继问世，运算放大器变得越来越高效和经济。其典型应用之一是温度调节器。

20世纪60年代，法国无线电报总公司运用模拟计算器中的运算放大器分析了汽车车轮撞击障碍物时产生的振动。

1963 年
运算放大器

1968 年
液晶显示器

1968 年
英特尔

# 液晶显示器

液晶显示器（Liquid Crystal Display，LCD）广泛应用于电视机、智能手机等设备的显示器和平面屏幕。

LCD 的物理性质既像固体又像液体，介于两者之间。它有一个显著的特性：在电场的作用下，液晶分子的排列方向发生变化，从而过滤入射的偏振光，通光量可以在电场的作用下改变。LCD 本身不发光，所以需要一个光源，目前通常使用发光二极管（LED）。

1888 年，奥地利布拉格市的植物学家和化学家弗里德里希·理查德·莱尼茨尔（Friedrich Richard Reinitzer）首次发现了液晶这种物质。1911 年，法国人 C. 莫甘（C. Mauguin）发现了液晶分子的排列特性。1922 年，另一位法国人 G. 弗里德尔（G. Friedel）把液晶分为 3 类：向列型、胆甾型和层列型。

1963 年，美国人理查德·威廉姆斯（Richard Williams）发现了液晶的光电特性。1964 年，他和乔治·海尔迈耶（George Heilmeier）在大卫·沙诺夫研究中心共同开发了一个 LCD 显示模型。1968 年，美国人海尔迈耶生产了第一个实验性的 LCD。

1970 年，瑞士化学家马丁·沙特（Martin Schadt）和沃尔夫冈·黑尔弗里希（Wolfgang Helfrich）在研究某些受电场影响而被极化的晶体成分时，发现了被称为"扭曲向列型"的新结构。两人当时都在瑞士巴塞尔市的霍夫曼－拉罗什集团工作。该集团两年后合成了这种新结构的液晶材料，为优质显示器的商业化奠定了基础。

**法国物理学家皮埃尔·吉尔斯·德根内斯**

法国物理学家皮埃尔·吉尔斯·德根内斯（Pierre-Gilles de Gennes）因其在液晶和聚合物方面的研究，于 1991 年获得诺贝尔物理学奖。这位杰出的科学家是首位解决聚合物、胶体、液晶和颗粒物质等复杂材料中有序与无序转变问题的科学家。他的贡献推动了基础物理、物理化学与应用科学的研究。

**另请参阅**
▶ 大屏幕视频投影仪，第242—243 页

无数的 LCD 和 LED 大屏幕造就了纽约的城市景观。

1968年 | 1968年 | 1969年
液晶显示器 | 英特尔 | 互联网

# 英特尔的创立

英特尔公司是一家杰出的创新型美国公司，在技术领域取得了巨大成就。它于 1968 年由戈登·摩尔、罗伯特·诺伊斯和安德鲁·格罗夫共同创立，这 3 位创始人之前离开了仙童半导体公司。截至 2022 年，英特尔是世界上最大的半导体芯片制造商。

后来，马尔奇安·特德·霍夫（Marcian Ted Hoff）也加入了他们的团队。

英特尔最初生产的是集成电路存储器，其首款产品是 3101 型 RAM 存储器，这款 64 位存储器于 1969 年上市，售价 99.5 美元。1971 年，刚成立不到 3 年的英特尔研发了 4004 型 4 位微处理器，采用 4 个电路和 2300 个晶体管。随后，英特尔推出了 8 位微处理器，并从 1981 年开始推出了个人计算机适配的 86 系列微处理器。从 2008 年起，英特尔酷睿 i3、i5 和 i7 微处理器相继问世，到 2010 年年底，它们仍然是最畅销的微处理器。

英特尔还在许多领域开展业务，涉猎广泛，包括电子卡、套件、PC 芯片组、存储器、固态硬盘（Solid State Drive，SSD）、FPGA 可编程电路、驱动程序和软件、设备和系统、服务、网卡、控制器、各种技术（如虚拟现实），等等。自 2017 年以来，该公司还涉足智能眼镜和人工智能领域。

**竞争对手 AMD 公司**

1982 年，英特尔授予 AMD 公司生产 8086 和 8088 处理器的许可证。1995 年，AMD 获得了基于新体系结构的 IA-32 处理器的制造权，该体系结构最初由英特尔开发。因此，AMD 成为英特尔在 PC 微处理器领域的主要竞争对手，这两家公司几乎完全占据了微处理器市场。

**另请参阅**

▶ 摩尔定律，第 138—139 页
▶ 世界上第一台微处理器，第 156—157 页

英特尔的3位创始人，从左至右分别是：安德鲁·格罗夫、罗伯特·诺伊斯和戈登·摩尔。

1968 年
英特尔

1969 年
互联网

1969 年
电荷耦合器件（CCD）

# 互联网的前世今生

互联网英文名为 Internet，是 Interconnected Networks 的缩略语。互联网的诞生源于一个军事项目。在 20 世纪 60 年代末，美国军方寻求建立一个绝对可靠的电话通信系统，即使在被敌人部分摧毁的情况下，也能继续正常运行并传输信息。该系统由电话线组成网格通信，因此必须设计一个完整的网络结构，这样即便网格的一部分被破坏，也可以立即切换线路继续传输信息。

项目启动之初，在美国国防部的提议下，阿帕网（Arpanet）诞生了，这是美国国防部高级研究计划局组建的计算机网（Advanced Research Project Agency Network）的缩写。从更高的政策架构来看，阿帕网也是对 1957 年苏联发射人造卫星的反制项目之一。阿帕网首先连接了美国军事部门的各个计算机网络，随后很快延伸到为军事部门工作的公司和研究机构。

在 20 世纪 80 年代末，美国国家科学基金会（NSF）基于同样的技术建立了国家科学基金会网络（NSFnet）。它连接了美国的大学和研究实验室，使研究人员能够实时沟通。这一优势使它在科学界和学术界迅速发展，最终演变成了现在的互联网。

互联网起初是严格非商业性的，但很快就演变为集信息交流与休闲娱乐为一体的庞大平台，还成为世界上最大的虚拟市场。

**互联网上的服务**
互联网是依赖电话线、电缆和卫星的通信网络，为我们提供广泛的服务。互联网服务包括万维网、电子邮件、社交网络、即时通信、讨论组、娱乐、音乐、电影和视频，还包括无需下载就可观看视频的流媒体服务，等等。

**另请参阅**
▶ 用于通信的调制解调器，第 220—221 页
▶ 互联网服务提供商和他们的价格战，第 224—225 页
▶ 万维网，第 246—247 页

艺术手法表现的互联网。

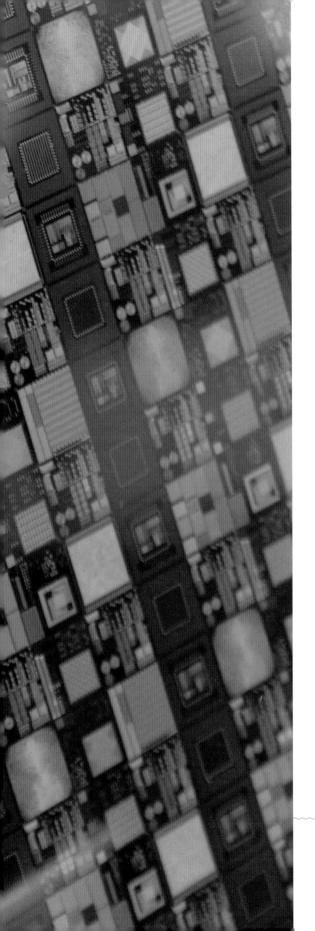

# 摩尔定律

　　英特尔公司的创始人之一戈登·摩尔提出，"集成电路芯片的集成度每 18 个月翻一番。"这就是后来以他名字命名的预测，即摩尔定律。这意味着集成电路可容纳的晶体管的数量以这一速度一直在翻倍增长。这一定律至今仍然有效。戈登·摩尔在《电子》（*Electronics*）杂志上发表了这一定律，并补充说："可以预见，在短期内这一增长速度将持续下去，甚至更快。"在 1997 年 9 月的英特尔开发者论坛上，他指出：微处理器集成密度的增加可能存在物理极限，即原子级别。

　　一开始，一个芯片上只能集成不到 10 个晶体管，现在却可以容纳几十亿个。2019 年年初，英伟达在拉斯维加斯的消费电子展（CES）上展示了一个 7.5 平方厘米的芯片，其上有 186 亿个晶体管的集成电路。

　　事实表明，摩尔定律同样也适用于其他领域，包括经济领域，尽管不同领域的周期可能有所不同。

含有数百个集成电路的硅片。

139

# 用于摄影的电荷耦合器件（CCD）

电荷耦合器件（Charge Coupled Device，CCD）是一种集成电路，是集成领域真正的原创器件，在以往的分立器件中并无先例，属于电荷转移器件（Charge Transfer Device，CTD）的一种。

CCD 由密集的硅点矩阵组成。硅对光敏感，受入射光照射时会产生感应电流。如果将光线聚焦在 CCD 上，它就可以充当一个灵敏的扫描仪或数码相机的图像传感器。

CCD 是由贝尔实验室的 W. S. 博伊尔（W. S. Boyle）和 G. E. 史密斯（G. E. Smith）于 1969 发明的。该器件中，每个像素都像一个带有存储系统的光电二极管。在照相机、扫描仪、摄像机等拍摄设备中，CCD 可以以一维的线性阵列或二维的阵列排布。目前所有的传感器都是有色类型的，每个像素由 3 种基本颜色的 3 个子像素组成，通常通过在电路中沉积彩色有机薄膜作为过滤器来获得图像。

第一台 CCD 相机是在 1971 年由贝尔实验室开发的。1975 年，伊士曼柯达公司的工程师史蒂文·萨松（Steven Sasson）使用仙童半导体公司制造的 CCD 传感器开发了一台实验性的数码相机，其分辨率为 10,000 像素。这台相机是单色的，重达 3.6 千克，需要 23 秒才能捕捉到图像，然后存储在小型盒式磁带上。1983 年，RCA 推出了自己的彩色相机。从那时起，数码相机和录像机逐渐普及，老式胶片相机则被淘汰，成为了博物馆中的收藏品。

**来自 CMOS 传感器的竞争**

CCD 正面临基于互补金属氧化物半导体晶体管（CMOS）技术的传感器的挑战。两者各有千秋，CMOS 传感器似乎略占上风，特别是在制造智能手机方面。它的生产成本更低，且耗电量更少。

# 光 纤

光纤是一种圆柱形的介质波导，由一种传导光线的空心管构成。一束光从一端传入光纤后，通过连续的反射穿越整个光纤，最终抵达另一端。如果光束被控制在光纤里，并可以传输信号，那么光纤就成为比同轴电缆更优越的传输介质，传输电视、电话、视频会议或计算机的数据。

早在 1880 年，亚历山大·格雷厄姆·贝尔（Alexander Graham Bell）就通过光电电话演示了信息的光传输，但传输距离不算远。1854 年，爱尔兰化学家约翰·廷德尔（John Tyndall）发现光可以通过弯曲的水流传播，证明光信号可以弯曲。光纤技术的研究起步于 1910 年，彼得·德拜（Peter Debye）发明了一种特殊的光导。然而，对光纤的首次工业研究直到 1966 年才开始，由 ITT 公司的高锟（Charles Kao）和乔治·霍克汉姆（George Hockham）进行。

1970 年，康宁玻璃公司销售了第一批高质量的石英玻璃光纤，大大降低了能量在光纤中的衰减。同年，贝尔实验室开发了一种稳定的半导体激光器，以 850 纳米波长工作，可以用于光导的光发射器。第一批光纤通信实验在 1976 年完成，研究员使用激光二极管发射编码光脉冲，以测试安装在芝加哥贝尔电话系统中的光纤网络。实验证明，一条 144 根的光纤电缆可以同时传输 40,000 个电话对话。

法国于 1988 年和 1989 年进行了网络规划研究，法国电信决定在长途网络中引入光纤。得益于互联网的普及，到 2018 年年初，据法国电信监管机构电子通信和邮政监管局统计，法国约有 1000 万个家庭享有光纤到户服务。

**通信和成像**

在护套的包围下，光纤可以通过中继器将光线传输到几百甚至几千千米之外。编码光信号能够传输大量的信息。因此，光纤为电信发展做出了巨大贡献，在医学（如结肠镜检查、激光治疗等医学成像）和照明方面也有重要应用。

一束光纤。

# 珀耳帖模块和纯电子制冷

一些对温度极为敏感的物品，如待移植的器官、溶液、真空罐等必须在低温状态下运输，珀耳帖冷却器正是这一需求的理想解决方案。珀耳帖冷却器也被应用于豪华轿车中的迷你酒吧。除车载外，珀耳帖模块还用于许多其他场景，例如，冷却半导体——处理器、红外发生器、电荷耦合器件、超灵敏探测器等，或用于制造某些需控温的测量或控制设备。

珀耳帖效应是由法国物理学家让·查尔斯·阿塔纳斯·珀耳帖（Jean Charles Athanase Peltier）于1834年发现的。他搭建了一个简单的电路，包含一根铜线；再把一根铁线插入其中，从而形成两个结点。当他施加直流电时，他注意到一个结点温度升高，而另一个结点则温度降低。当他扭转电流方向时，变冷和变热的结点发生了反向反应。

珀耳帖模块也被称为热电模块。在20世纪70年代，珀耳帖将两个半导体元件安装在两个导热垫之间就组成了珀耳帖模块。根据需要，可以简单地把多个模块组装起来，并将冷却面放在需要冷却的产品上。它的操作不再像传统冰箱那样以机械为基础，而是由电机和压缩机提供动力。由于其占地空间小，工作完全静态，珀耳帖模块解决了使用热动力热泵带来的空间占用、可靠性及低功率应用的问题。珀耳帖模块是低能耗制冷的最佳解决方案，能够在几十瓦的功率范围内实现冷热源间调节近50度的温差。

**塞贝克效应**

与珀耳帖效应相反的现象是塞贝克效应，由德国物理学家托马斯·约翰·塞贝克（Thomas Johann Seebeck）于1821年发现。物体的温度差可以转换为电压，这种热电效应现象被称为塞贝克效应。塞贝克效应产生电压的大小取决于温差和所用材料的特性，对这一效应的研究可能会引领一种新的能源类型。

从安装了珀耳帖模块的冰
箱拿出的冰激凌呈现磨砂
纹理。

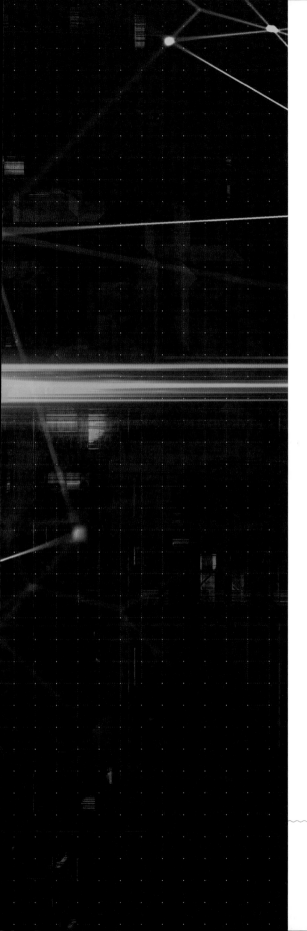

# 扫描仪——
# 贝兰机的后裔

　　20世纪70年代出现了第一批用作计算机外围设备的扫描仪。它们的前身是爱德华·贝兰（Édouard Belin）于1913年制成的世界上第一部用于新闻采访的手提式传真机（贝兰机）。这是一种通过电话电路或无线电远程传输静态图像（如文本或照片）的设备。

　　扫描仪的主要功能是通过逐行分析纸张或胶片（幻灯片、透明胶片等）上的实体图像，将其转换为数字图像。随后，得到的矩阵化图像被上传到计算机，进行下一步的处理、分析、保存、传输。

　　扫描仪有多种类型，其中最受欢迎的是平板式扫描仪。其他类型包括滚筒式、手持式、扫描笔式和组合式扫描仪。

　　用于扫描仪图像分析的传感器阵列有两种，分别是CCD和互补金属氧化物半导体晶体管（Complementary Metal Oxide Semiconductor，CMOS）。

指纹扫描。

147

# 软盘的兴衰

　　1971 年，IBM 推出了首款直径为 8 英寸（约 20 厘米）的软盘。它的推出基于 1950 年的一项专利，由东京帝国大学的中松义郎（Yoshiro Nakamatsu）博士授权给 IBM。中松义郎是多产的发明家，拥有 2000 多项专利。

　　在工作时，软盘的读写头在盘片表面旋转并与之摩擦。IBM 最初的目标是用软盘驱动 IBM 370 系统的微码。第一张软盘只能存储 80 KB。1973 年，容量增加到 250 KB。

　　1971 年，阿兰·舒加特（Alain Shugart）创立的舒加特品牌销售了 8 英寸的 80 KB 软盘。1976 年，舒加特推出了由王安研制的软盘，其直径减少到 5.25 英寸（约 13 厘米）。起初软盘是单面磁盘，存储容量仅为 100KB，通过增加信息密度并在双面存储，软盘容量增加到 160KB（单面）～ 320KB（双面），然后增加到 180KB（单面）～ 360KB（双面），最终达到 1.2MB。

　　1980 年，索尼推出了直径为 3.5 英寸（约 9 厘米）的磁盘。它的容量从一开始的 720KB 增至 1440KB，风靡一时。

　　齐尼思公司曾尝试推出过 2 英寸（约 5 厘米）的软盘，随后增加了其他不同尺寸的选择，但没有获得预期的成功。随着其他存储介质的发展，容量为 2.8MB 的 3.5 英寸软盘逐渐失去了吸引力。随着 CD、DVD 刻录机和 U 盘的出现，所有的软盘都销声匿迹了。

**艾美加软盘**

20 世纪 90 年代，一款非常特别的软盘出现在市场上，它就是艾美加软盘。其容量从 100 ～ 2000MB 不等，尺寸几乎都是 3.5 英寸，有一个封装硬壳保护，因此，用手触碰不到磁片。艾美加软盘主要用于数据备份。

**另请参阅**

▶ 硬盘，第 92—93 页

▶ 固态硬盘（SSD）取代机械磁盘，第 286—287 页

封装在硬质外壳中的软盘。

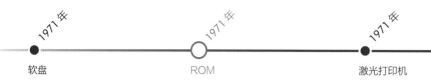

# 只读存储器（ROM）的演进

只读存储器（Read-Only Memory，ROM）是一次性存储设备，就像书页一旦印刷就无法更改。存储器制造商预先完成了产品的数据写入，对大规模生产的存储器来说，自己写入是经济的选择。ROM可以被读取，但不能被擦除或改写。与随机存取存储器（Random Access Memory，RAM）相比，ROM的优势在于它们是非挥发性的，即使切断电源，它们也能保留信息。这就是为什么它们被用来存储不可变的基本程序，如微型计算机的BIOS或其他固化设置。

扬·A. 赖赫曼（Jan A. Rajchman）被认为是第一个ROM的开发者。他用电阻制作了第一个存储器矩阵。人们后来在集成电路中使用二极管制造ROM，然后用晶体管代替二极管，以探索一种简单的寻址和读取方法。第一个集成电路ROM是由英特尔在1971年销售的，型号是3301。

随后，ROM技术产生了许多变体，包括可编程只读存储器（PROM）、可擦除可编程只读存储器（EPROM）、可再编程只读存储器（REPROM）等。如今，我们迎来了可擦写电子只读存储器（Electrically Erasable Read-Only Memory，EEPROM），这是一种可以根据需要进行电子擦除和重新编程的只读存储器。它的出现促进了闪存的诞生，一举席卷整个市场。此外，U盘的普及也离不开EEPROM技术的贡献。

**闪存和智能手机**

闪存有时也被称为"只读存储器"。在智能手机中，闪存的一部分用于存储手机运行所需要的操作系统，手机用户不能更改。

**另请参阅**

▶ RAM，第96—97页

安全数字存储卡（SD 卡）。

1971 年
ROM

1971 年
激光打印机

1971 年
电子表

# 激光打印机的革命

1938 年，切斯特·卡尔森（Chester Carlson）发明了一种干法印刷工艺，称为电子照相术。该过程利用静电电荷相互吸引，将细石墨粉（碳粉）吸附到板上（之后转移到鼓上），然后再转移到纸上，从而实现图像的印刷。

罗兰·M. 沙弗特（Roland M. Schaffert）是美国巴特尔研究中心的物理学家。他研发了电子照相术，并于 1946 年实现了重大突破。1949 年，纽约的一家小公司哈罗依德公司着手研究这一项目，并使用术语"xerography"（静电复印术）来命名。这是一个源自希腊语"xeros"（干）和"graphein"（书写）的复合词。这家小公司后来发展成知名的施乐公司。1959 年，施乐公司推出了施乐 914 复印机，彻底改变了办公室工作模式。1971 年，施乐的合作者加里·斯塔克韦瑟（Gary Starkweather）将激光技术与复印技术结合，开发出可以打印的半导体感光鼓。第一台激光打印机 9700 就这样诞生了，是一个每分钟能打印 120 页的办公得力助手。

佳能于 1975 年开发了第一台台式激光打印机，生产了 LBP 系列。几年后，佳能推出了 LBP-10，使用了包括碳粉、感光鼓和显影剂在内的完整电子模块。随后，佳能公司寻找合作伙伴来生产其打印机。惠普和苹果公司对此表现出浓厚兴趣。

IBM 于 1975 年推出了第一台商业化激光打印机，并于 1978 年推出 IBM 3800，每分钟可以打印 20,000 行。1984 年，惠普推出了 LaserJet 打印机，每分钟可打印 8 页，每台机器价值 3600 美元，该打印机使用的是佳能开发的硬件。苹果公司也在 1985 年推出了激光打印机。如今，打印机市场正在不断扩张，除了激光打印机还有喷墨打印机、气泡打印机和点阵打印机。点阵打印机虽然不算新面孔，但非常耐用，在市场上占有一席之地。

**彩印**
1973 年，佳能推出了第一台彩色复印机。QMS 于 1973 年推出了第一台彩色激光打印机 ColorScript Laser 1000，当时售价 12,499 美元。1995 年 6 月，苹果公司推出了自己的首款彩色激光打印机 12/600PS，使用佳能硬件，售价约 7000 美元。2018 年，彩色激光打印机的最低售价约为 266 美元。

激光打印机的感光鼓。

# 从机械表到电子表

　　第一款电子腕表 Pulsar，由位于美国宾夕法尼亚州的汉米尔顿钟表公司于 1971 年推出。它以 2000 美元的高昂价格销售。它拥有 18K 金表壳，是完全电子化的，没有指针或表盘，必须通过按钮才能让 LED 屏幕显示时间。次年，该公司又为手表增加了日期功能。

　　不久之后，钢制版本的 Pulsar 腕表发布，价格仅为 275 美元。这款手表使用了美国无线电公司提供的集成电路。汉米尔顿公司的一位高管对该产品的推出表示满意："我们拥有所有相关专利，实现了创新，我们还通过这个产品在几年内获得了丰厚的利润。"

　　一年后，摩托罗拉也加入电子表市场，向制造商提供电子表套件。这些套件包括一个基于 CMOS 技术的集成电路，一个石英晶体振荡器，以及一个微型马达。这样的一组套件价值 150 美元。摩托罗拉还希望能进一步降低成本，使电子表的价格降到 120 美元以下。1974 年，美国国民半导体公司的子公司 Novus 推出了 6 款腕表，零售价从 125 美元到 220 美元不等，另外推出了 3 款价值在 35 美元到 60 美元的台式钟表。美国微系统公司（American Microsystems Inc.，AMI）紧随其后，推出了功率更低的模块，功耗仅为原来的一半。然而，这家公司的辉煌只是昙花一现，到 1975 年年底，已经出现了 40 多家电子表制造商。

　　20 世纪 70 年代，第一批液晶显示器出现，并开始大批量生产。因此，耗电量大的 LED 被逐渐淘汰，人们转而使用 LCD。例如，德州仪器公司在 1976 年推出了一款 LCD 手表，但价格不菲，在 275 美元至 325 美元之间。同年，该公司又推出了一款带塑料表带的电子表，价格降至 20 美元。这标志着电子表价格大幅下降的开始。

**欧洲制表商错失良机**

欧洲的制表商未能意识到这场变革的重要性。弗朗西斯·卡拉西克（Francis Carassic）是 AMI 法国分公司的负责人，也是电子手表电路的制造专家。20 世纪 70 年代初，他应贝桑松学术协会的邀请，试图说服法国制表商生产电子产品。但他所提出的论据欠缺说服力。谁也想不到变化会如此之快，令欧洲的制表商们措手不及。

捷克共和国著名的布拉格天文钟，异常精美。它位于布拉格老城广场，于 1410 年修建。

1971 年
电子表

1971 年
第一台微处理器

1971 年
电子邮件

# 世界上第一台微处理器

Busicom 公司是一家日本台式计算器制造商。1968 年，它请英特尔为该公司的一款新计算器定制十几个电路。那时，Busicom 公司仍然采用较为传统的逻辑硬布线结构设计，而不是计算机化的编程逻辑。

英特尔的工程师马尔奇安·特德·霍夫（Marcian Ted Hoff）认为，解决方案可以做得更好、更简单。他设计出一套只有 4 个组件的装置，其核心是一个通用电路，可以访问存储器中的指令。霍夫说："我希望它能像一台真正的通用计算机一样进行编程，而不是让各组件像一个硬接线的计算器一样运作。"他的解决方案在很大程度上归功于英特尔的创始人之一——罗伯特·诺伊斯，该方案将其核心元素定义为中央处理单元（Central Processing Unit，CPU）。

另一个因素也影响了霍夫的这一决定。日本人经常来检查他们的芯片组工作进展，每次都会对他们的初始设计提出修改建议。在硬布线逻辑中引入修改是一件大事，因为必须重新设计电路，既费时又费钱。然而，如果改用编程逻辑，就只需修改程序中的几条指令，无需重新设计电路。

此时，意大利人费德里科·法金（Frederico Faggin）加入了英特尔。他与斯坦·梅杰（Stan Major）合作，将霍夫的概念转换为硅元件架构。他和他的团队耗时 9 个月，于 1971 年开发了被称为 4004 微处理器的电路组。该项目大获成功，于 1971 年推出 Busicom 141-PF 电子计算器，并以 NCR 18-36 的名字推向市场。

日本拥有领先的电子制造技术。图中是东京著名的秋叶原，被誉为电子产品的圣地。

**另请参阅**
▶ 英特尔的创立，
第 134—135 页

交通控制灯系统是微处理器在法国的首
批重大应用之一。

# 4004，是微处理器还是微控制器？

　　最终，4004 还是被归类为微控制器。[*]
根据定义，微控制器是一种专门的集成电路，
将 CPU、随机存取存储器和只读存储器、时
钟和辅助输入 / 输出电路集成在一个芯片上。
与通用的微处理器不同，微控制器是由专门的
电路控制。

　　目前，微控制器的应用随处可见，在工
业流程控制、汽车电子、家用电器、消费电
子，以及各类嵌入式系统中，都有它的身影。
它的优点是成本效益高，且易于编程。

　　对许多人来说，英特尔 8008 才是第一个
真正的微处理器，它很快就取代了 4004 的地
位，成为市场上的主流产品。

---

[*] 关于 4004 是微控制器还是微处理器的话题，国内外
说法不一。此处讨论只代表本书作者的观点。——编
者注

1971 年
第一台微处理器

1971 年
电子邮件

1971 年
语音识别和声音合成

# @ 被用于电子邮件地址中

在互联网出现之前，电子邮件就已经出现了，但真正使它开始流行起来的是万维网。工程师雷·汤姆林森（Ray Tomlinson）是电子邮件的发明者，他在美国政府的阿帕网项目中从事网络程序和协议工作，包括网络控制协议。据传闻，当汤姆林森向他的同事杰里·伯奇费尔（Jerry Burchfiel）展示他发明的电子邮件时，非常谨慎地说："千万不要告诉其他人，我们拿公款可不是为了做这个的！"

汤姆林森开发了两个程序。第一个是 SNDMSG（Send Message，意为"发送消息"），允许在同一台计算机上工作的两个用户进行交流。第二个是 CPYNET（Copy Net，意为"复制网络"），用来向阿帕网上的任何计算机发送文件。

1971 年，汤姆林森尝试将这两个程序结合起来，向其他连接的计算机用户发送信息。于是，他成功地给自己发送了第一封电子邮件。因为要确定发送地址，就必须把地址的两部分分开，分别指定用户和收件计算机。他选择了 @ 键，这是一个在键盘上一般很少使用的字符，正是用作分隔符的理想选择。因此，第一个电子邮件地址就是 tomlinson@bbn-tenexa。1973 年，网络控制协议被传输控制协议（TCP）所取代，后来出现了由温顿·G. 瑟夫（Vinton G. Cerf）和鲍勃·卡恩（Bob Kahn）发明的互联网协议（TCP/IP）。1983 年，阿帕网采用了这套协议，后来的互联网也沿用了这套协议。

2023 年，如把所有信息模式加起来计算，全世界每天平均能交换 3473 亿条电子信息。

老式打字机也有 @ 符号，它从 12 世纪就已经存在了。

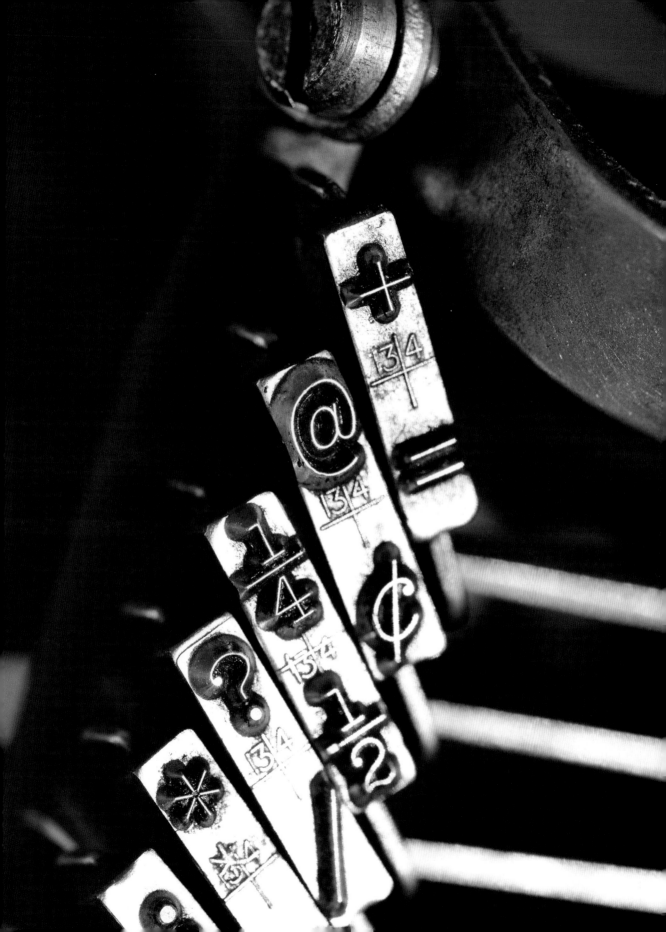

# 语音识别和声音合成技术突飞猛进

机器如果想和人类进行语音对话，首先需理解人类语言，然后合成语音以做出回答。这个设想在 1968 年斯坦利·库布里克（Stanley Kubrick）的著名电影《2001 太空漫游》（*2001, A Space Odyssey*）中就出现过了。在这部电影中，计算机哈尔（Hal）与宇航员进行了交谈。

早在 1771 年，匈牙利人沃尔夫冈·冯·肯佩伦（Wolgang von Kempelen）制造了第一个能够发声的机械系统。据传闻，他还建造了著名的土耳其行棋傀儡，即一个自动下棋的机械装置。关于语音合成的最早文献之一是俄罗斯教授克里斯蒂安·克拉岑斯坦（Christian Kratzenstein）1779 年撰写的文章。他构建了一套由 5 个声学共振器组成的装置，可以模拟发出元音。第一台电子合成器是由斯图尔特（Stewart）在 1922 年推出的。然后，贝尔实验室在 1936 年开始着手研发能对声波进行编码和分析的设备，即语音编码器，或简称为声码器。

首次尝试语音识别的时间可以追溯到 1951 年。那一年，S. P. 史密斯（S. P. Smith）提出了音素检测器（音素是最小的语音单位）的概念。次年，贝尔实验室的 K. H. 戴维斯（K. H. Davis）、R. 比达尔夫（R. Biddulph）和 S. 巴列舍克（S. Baleshek）生产了第一台能够识别十几个音素的机器。

IBM 法国公司于 1965 年推出了第一台声音合成器。1971 年，J. J. W. 格伦（J. J. W. Glenn）和 M. H. 希区柯克（M. H. Hitchcok）的语音指令系统（Voice Command System，VCS）首次上市，可以准确地自动识别 24 个单词。

从那时起，语音识别和声音合成技术领域进展惊人。尽管这项技术并非完美无瑕，但一直在不断进步，并日趋完美。例如，2011 年，苹果公司在其智能手机上推出了 Siri 对话应用程序，然后拓展到了计算机上。2017 年，微软发布了自己的对标程序 Cortana，谷歌则推出了 Google Now，三星和亚马逊也分别推出了 S-Voice 和 Echo。

**应用领域**

语音识别的应用非常广泛：多重对话系统、计算机交互、机器人、车载系统、语音命令、电话应答、电信行业、面向残障人士的辅助功能、游戏等。我们还可以借助它来写电子邮件、翻译文字、做笔记、记录提醒事项、网络搜索、地址或行程搜索，等等。

**另请参阅**

▶ 智能音箱，第 342—343 页

一个听从声音指令并做出
反应的智能机器人助理。

| 1971 年 | 1971 年 | 1972 年 |
| --- | --- | --- |
| 语音识别和声音合成 | 8 位微处理器 | 微型计算机的雏形 |

# 8 位微处理器的崛起

英特尔的 4004 微处理器出现以后很快被 8008 所取代。8008 不再是 4 位的，而是 8 位的，集成在单一芯片上。1971 年 4 月，英特尔宣布了专门为计算机终端公司（Computer Terminal Corp，CTC）设计的 8008 微处理器。然而，这家公司拒绝了该方案，认为 8008 的处理速度不足以满足未来的程序需要。因此，英特尔决定将 8008 投入大众市场。

8008 的畅销带来了大量的配套电路订单。英特尔的领导层因此认为，微处理器是公司未来的正确发展方向，于是在 1974 年继续推出了 8080。这是第一款真正的通用微处理器。它的集成度更高，不仅能够执行每秒 29 万次操作，而且能够访问更大的内存（通过 16 位寻址模式）。

此外，与 4004 和 8008 都采用 P 沟道金属氧化物半导体技术（PMOS 技术）不同，8080 转而采用 N 沟道金属氧化物半导体技术（NMOS 技术），这使得它运行速度更快，因为作为电荷载体的电子比空穴传输更快。8008 的晶体管被封装在一个 40 引脚的双列封装中，这种封装在当时很流行，经常在 8 位处理器的制造中使用。

4004、8008、8080 的畅销代表着计算能力能够快速变现，打开了新的销售市场，同时展现了专业人员无限的创造力。虽然它们的第一批应用打开了销路，但当时很少有人预见微型计算机的制造。例如，戈登·摩尔当时仍然认为微处理器的主要应用会是电子表，电子表行业在当时是一个新兴产业。

**另请参阅**
▶ 微处理器，第 198—199 页

英特尔的 SDK85 板配备了 8085 微处理器（电路板顶部中央一列的第一个大电路）。20 世纪 70 年代，它被用于计算机科学和汇编语言编程教学。

# 小 结

在当时，互联网和电子邮件虽然已经出现，但并不广为人知。电子游戏正迈出第一步，并在将来成为一个成熟的行业。

由于电子元件技术取得了惊人的进步，最早的显示设备出现了，并用平板屏幕取代了旧的阴极射线管屏幕。这些老式屏幕沉重、易碎且成本高昂。平板屏幕的出现使得显示屏可以安装在各种设备上，带来了智能手机等许多以前无法想象的应用。电子手表的出现让欧洲的钟表业措手不及，它使这个行业发生了翻天覆地的变化。手表从奢侈品变成了一种常见的消费品，其价格与曾经的机械手表相比大幅下降。微处理器也诞生了，并引发了一场规模惊人的技术、工业和社会革命。

给印刷页面涂墨。古腾堡（Gutenberg）发明的西方铅字印刷术也带来了一场真正的社会和文化革命。

**法**国没有石油等丰富的自然资源，但它一直都不缺乏思想和创造力。一些卓越而富有远见的法国人就是最佳例证。

首先是弗朗索瓦·热尔内尔和安德烈·特鲁昂，后者创立了 R2E 公司。他们接受了一个难以想象的挑战：用英特尔公司刚刚发明的微处理器制造一台微型计算机。硬件、软件……一切都是从头开始。他们以史无前例的速度成功地完成了这项疯狂的挑战，第一台名为 Micral N 的微型计算机就这样在 1972 年年底诞生了。

1975 年，美国人也推出了由美国微型仪器遥测系统公司（Micro Instrumentation and Telemetry Systems，MITS）发明的微型计算机 Altair，其灵感无疑来自 Micral。随后，苹果公司、康莫多国际公司和坦迪公司于 1977 年在美国推出了各自的产品。再后来，IBM 于 1981 年开始销售个人计算机。各种各样的微机产品就这样逐渐在各地打开了市场。

当时，法国还有另一位杰出的创新者，他的名字是罗兰·莫雷诺（Roland Moreno）。他设计并制造了智能卡，已经普及开来。罗兰·莫雷诺不仅是一位不拘一格的发明家，也是一位天才万事通。除此以外，他还很有幽默感。

# 商用个人计算机

1971年
8 位微处理器

1972年
微型计算机的雏形

1973年
核磁共振成像

# 微型计算机的雏形

1972 年，法国国家农业研究所（INRA）的生物气候学研究员阿兰·佩里耶（Alain Perrier）想发明一种能给植物智能浇水的设备。为了开发这个设备，他想到了使用计算机，但当时的小型计算机太过昂贵，超出了他的预算。因此，他发起了项目招标，R2E 公司愿意尝试。这家年轻的公司承诺为他开发一台低成本的便携式计算机。

R2E 研发部主任弗朗索瓦·热尔内尔回答他说："如果我理解无误的话，您想做的这个过程控制应用程序用的 DEC 的 PDP 8 小型计算机的价格远远超过了您的预算。而我可以为您开发一台计算机，将价格压缩一半。"阿兰·佩里耶接受了这一提议，这一决定无疑为 20 世纪最非凡的史诗级成就之一——微型计算机的发明铺平了道路。

弗朗索瓦·热尔内尔知道，美国的英特尔公司刚刚推出了一款新的微处理器 8008，其性能较第一款 4004 单片微处理器而言双倍提升。因为上一代微处理器仅可以处理最多 4 位的二进制数据，而新一代升级到了 8 位。他向英特尔的法国经销商 Tekelec 公司订购了 8008，但幸运的是，英特尔法国公司的老板贝尔纳·吉鲁（Bernard Giroud）直接给他提供了十几个 8008 微处理器，支持该项目的开发工作。弗朗索瓦·热尔内尔随即率领团队开始工作。他们没有任何基础，不管是硬件还是软件，一切都是从零开始。这个赌注太大了，对任何人来说都过于疯狂。终于，几个月过后，第一台微型计算机 Micral（法语俚语，意为"小"）诞生了。它的售价是 PDP 8 微型计算机的 1/5。不可能完成的任务完成了！1973 年 1 月 15 日，R2E 开发的机器交付给法国国家农业研究所，它能够依靠电池自主工作，这实现了进一步的创新。

R2E 的 Micral 及其主板。在亨利·利伦（Henri Lilen）的倡议和法国研究部长克洛迪·艾涅尔（Claudie Haigneré）的推动下，弗朗索瓦·热尔内尔于 2003 年向巴黎艺术与工艺博物馆赠送了一台 Micral 机器。

# 无辐射的核磁共振成像

核磁共振成像（MRI）技术是一项非凡的医学成像手段，可以在无辐射的情况下检视人体。它的工作原理是：某些原子，包括氢原子，在特定条件下可以进入共振状态。而氢原子是形成水分子的元素之一，大量存在于人体中。当氢原子进入共振时，它们会吸收能量。而当共振停止时，这些能量被释放并被检测到，从而合成图像。计算机对连续图像进行处理后，就可以构建出三维图像。

核磁共振仪和 CT 扫描仪虽然外观相似，但核磁共振仪使用的却是共振模组。内部包含一块强电磁铁和一个能发射出高频无线电波的线圈。当人躺在核磁共振仪内时，产生的强大磁场会使细胞中的氢原子共振。

磁共振现象的发现要归功于当时斯坦福大学的费利克斯·布洛赫（Felix Bloch）和哈佛大学的爱德华·米尔斯·珀塞尔（Edward Mills Purcell）。他们在 1946 年分别发现了这一现象，并在 1952 年共同获得诺贝尔物理学奖。在第二次世界大战期间，布洛赫参与了曼哈顿计划和雷达技术的改良工作。1946 年，他带领团队开发了一种利用核磁共振测量原子核磁矩的方法。

1973 年，美国伊利诺伊大学的保罗·C. 劳特伯（Paul C. Lauterbur）和他的同事展示了重建核磁共振成像的方法，使用的技术是由英国的彼得·曼斯菲尔德爵士（Sir Peter Mansfield）特别开发的。劳特伯和曼斯菲尔德于 2003 年被授予诺贝尔生理学或医学奖。

**费利克斯·布洛赫**

费利克斯·布洛赫出生于瑞士，1924 年至 1927 年在苏黎世的联邦理工学院学习工程学和物理学。1928 年，他在德国莱比锡大学获得物理学博士学位。布洛赫于 1933 年离开德国，1934 年移民美国，在斯坦福大学担任物理学副教授。他于 1939 年入籍美国，在斯坦福大学担任教职，直到 1971 年退休。

**另请参阅**
▶ X 射线，第 12—13 页

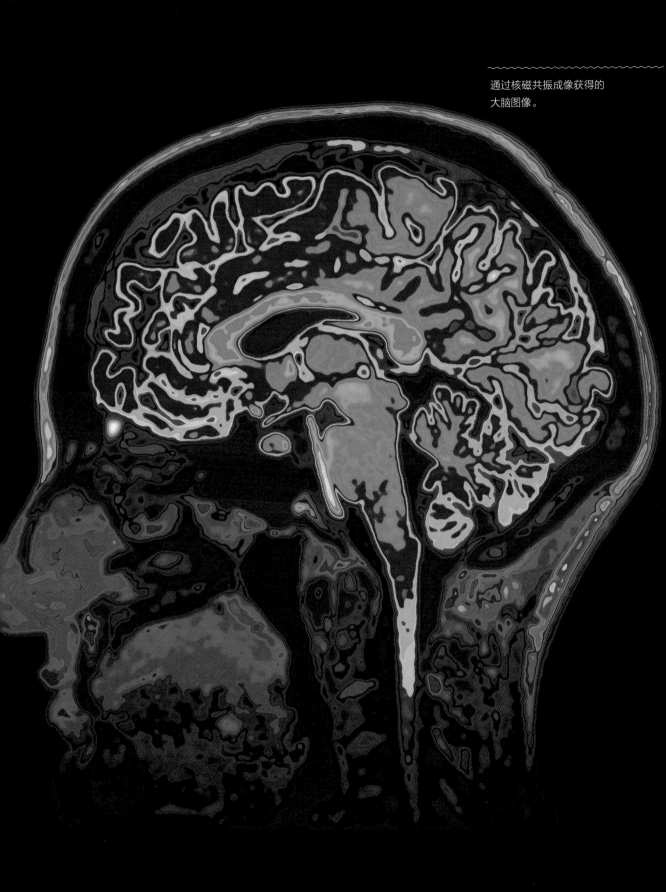

通过核磁共振成像获得的
大脑图像。

# 第一台使用微处理器的个人计算机

Micral 是世界上第一台使用微处理器的个人计算机，于 1973 年 1 月 15 日交付，并从 1973 年 4 月开始批量生产和商业销售。它的研发要归功于安德烈·特鲁昂和弗朗索瓦·热尔内尔，他们是富有远见的天才和杰出的工程师。

安德烈·特鲁昂（Truong Trong Thi）是越南裔法国人，毕业于法国无线电学校，于 1959 年开始为斯伦贝谢公司工作，后转到 Intertechnique 公司就职。他去美国旅行时说道："当我看到第一批集成电路时，我感受到了真正的文化冲击。"

20 世纪 70 年代初，安德烈·特鲁昂与保尔·马涅龙（Paul Magneron）和金融家伊冯·普利松（Yvon Plisson）一起创建了 R2E 公司。最初的公司地址位于特鲁昂在巴黎郊区沙特奈马拉布里镇的房子的地下室。特鲁昂曾说道："R2E 公司努力寻找奇迹，力求培育出不同寻常的 5 条腿的羊，这样才能先培育出 4 条腿的正常的羊。意指远见卓识是推动实质性进步的关键，只有目标高远，才能制造出人人可用的个人计算机。"

弗朗索瓦·热尔内尔出生于 1944 年，他于 1968 年在 Inter-technique 公司开始了职业生涯。他为该公司工作到 1972 年，主要工作是为 Multi 8 计算机开发硬件。1972 年至 1983 年期间，他前往 R2E 公司担任研发总监，在那里充分发挥了自己的计算机才能，从而创造了历史。

热尔内尔对技术充满热情，他的字典里没有"不可能"这个词。他带领团队夜以继日地辛勤工作，花了几个月时间开发出 Micral。作为这台机器的发明者，他申请了专利。他回顾这段经历时说道："当我申请专利时，我使用了'微型计算机'这个词。然而专利局拒绝了我，他们要求必须使用现有的法语术语！"

**弗朗索瓦·热尔内尔的学术生涯**

弗朗索瓦·热尔内尔在巴黎第六大学学习数学、物理和化学。1966 年毕业后，他做过电缆工程师，然后是收音机、电视和录音机的维修工程师。他于 1968 年在法国高等应用学校进修了经济和社会科学课程，还在法国国立工艺学院学习了计算机科学课程。1970 年，他以 18 分的优异成绩（满分 20 分）获得综合计算机科学的毕业证书，并于 1974 年在法国国立计算机科学与应用数学学院获得应用数学博士学位。之后，他还于 1987 年在欧洲高等商学院接受商业管理培训。

安德烈·特鲁昂因其职业生涯的杰出贡献和发明微型计算机被授予荣誉军团勋章。

弗朗索瓦·热尔内尔和他的专利发明证书。

# INSTITUT NATIONAL DE LA PROPRIÉTÉ INDUSTRIELLE - 26 bis, rue de Léningrad. 75800 PARIS

CERFA N° 55-1046

Ce document atteste de l'enregistrement de la demande, mais ne préjuge pas sa recevabilité. Toute correspondance doit se faire en rappelant notamment le numéro d'enregistrement National ci-dessous.

*(Les annuités doivent, sous peine de déchéance, être acquittées chaque année au plus tard le dernier jour du mois de la date anniversaire du dépôt, ou dans les six mois qui suivent moyennant le payement d'une surtaxe dans le même délai, même si le titre n'est pas encore délivré).*

Code Postal du lieu de dépôt

DÉPOT POSTAL = 99

| L'adresse ci-dessous figurera-t-elle sur le titre délivré ? | Cette personne est-elle le mandataire ? | Le nom du mandataire figurera-t-il sur le titre délivré ? |
|---|---|---|
| non | oui | oui |

## DEMANDE DE

### BREVET D'INVENTION

N° D'ENREGISTREMENT NATIONAL **73 03553**

DEMANDÉE LE 1er 7.73 17h43

**DÉPOSANT (S) :** A. Nom et prénoms ou dénomination sociale ; B. Nationalité ; C. Adresse.

OFFICE BLETRY
2 Bld de Strasbourg PARIS

0 2 FEV. 1973

A) Société à responsabilité limitée dite :
REALISATIONS ET ETUDES ELECTRONIQUES R.2.E.

B) française

C) 92/CHATENAY MALABRY

**TITRE DE L'INVENTION** - *Suivi, éventuellement, des Nom et prénoms du ou des INVENTEURS.*

Ordinateur, en particulier pour des applications en temps réel
(invention François GERNELLE)

| LE DÉPOSANT a déclaré avoir présenté sa demande conformément aux dispositions permettant l'impression offset. | LE DÉPOSANT a requis : a) L'ajournement à 18 mois de la délivrance de son titre de propriété industrielle. | b) L'établissement différé à 2 ans de l'avis documentaire. | c) Le paiement échelonné de la taxe d'avis documentaire. |
|---|---|---|---|
| oui | oui | | non |

### PRIORITÉS CONVENTIONNELLES
*Nature, pays d'origine, numéro et nom du déposant d'origine*

| DATE DE DÉPOT | |
|---|---|
| | |

### RATTACHEMENT DU CERTIFICAT D'ADDITION

| Nature du titre principal auquel se rattache le certificat d'addition : | N° | Date de dépôt : |
|---|---|---|
| ADDITIONS ANTÉRIEURES | 1re N° | : 2e N° | : 3e N° |
| 4e N° | : 5e N° | : 6e N° | : 7e N° |

| SIGNATURE DU DÉPOSANT | SIGNATURE DU PRÉPOSÉ A LA RÉCEPTION | SIGNATURE après ENREGISTREMENT de la DEMANDE |
|---|---|---|
| | | |

1973 年
Micral 个人计算机

1973 年
移动电话的发明

1973 年
薄膜晶体管的广泛应用

# 移动电话

　　如果说有一项发明改变了我们的沟通方式的话，那一定是移动电话。移动电话又称蜂窝电话，因为它的通信网络结构和蜂巢相似。但后起之秀智能手机的发展速度快得惊人，迅速在移动通信领域占据主导地位。

　　电话通信覆盖的地区被划分为多个"蜂窝"区域，根据人口密度的不同，面积可达数平方公里。例如，法国大致被划分为 40,000 个这样的区域。每个区域都有一个低功率基站，为区域内的用户提供服务。用户移动到另一个区域时，通信就会自动切换到相邻基站。这就是为什么我们称移动网络为蜂窝网络。

　　移动电话的发明要归功于马丁·库珀博士（Martin Cooper），他在摩托罗拉公司担任研发总监，于 1973 年在纽约街头展示了第一台移动电话。但直到 1983 年，摩托罗拉才在美国推出了首台商用手机，即摩托罗拉 DynaTac 8000。该手机长 25 厘米，重约 1 千克，通话时间约 30 分钟，充电时间约 10 小时，售价为 3995 美元。

　　1986 年，法国建立了首个移动电话网络系统 Radiocom 2000。它被归为第一代移动通信系统（1G）。当时的移动电话远算不上便携，通常只能安装在汽车上。1991 年，法国电信公司在法国推出了第一部真正意义上的移动电话 Bi-Bop。从此移动电话推广开来，并最终发展为今天的智能手机。

**从 1G 到 5G**
随着 20 世纪 90 年代第二代通信网络（2G）的出现，移动电话经历了真正的爆发式增长。欧洲的 2G 网络服务由全球移动通信系统提供。3G 随后取代了 2G，互联网接入和视频观看等功能变得至关重要。4G 网络进一步提高了移动通信速度，而 5G 网络目前正处于普及过程中。

摩托罗拉 DynaTac 8000 手机，于 1983 年制造。

1973 年
移动电话的发明

1973 年
薄膜晶体管的广泛应用

1973 年
机器人

# 用于制造屏幕显示器的薄膜晶体管（TFT）

平板显示器中的每个像素（显示点）、每个色点都需要被单独控制激活。先导晶体管就起到这样的控制作用，需要尽可能地贴紧屏幕，并且不能影响视觉体验。薄膜晶体管（Thin Film Transistor，TFT）可以满足这些需求。

薄膜晶体管是用于制造有源矩阵平板显示器的电子器件，其基础是液晶、发光二极管（LED）或有机发光二极管（AMOLED）。薄膜晶体管是一种金属氧化物半导体场效应晶体管（MOS），由几百纳米的薄层沉积在基片上形成。由于基片非常薄，所以人眼看起来是透明的。每个显示像素实际上由 3 个显示点组成，分别负责红、绿、蓝 3 种基本颜色的光，因此每个像素点的驱动电路也由 3 个薄膜晶体管组成。这些晶体管控制电流开关，每个晶体管控制一个色点。

薄膜晶体管的历史可以追溯到 1962 年。当时，美国无线电公司实验室的 P. K. 韦默（P. K. Weimer）发明了一种由硅基板上的硫化镉（CdS）多晶薄膜制成的薄膜晶体管。直到 1973 年，美国西屋公司开发出薄膜晶体管液晶显示器（TFT-LCD）后，薄膜晶体管才应用于屏幕显示。在 20 世纪 80 年代早期，首个非晶硅薄膜晶体管问世。20 世纪 90 年代，薄膜晶体管的发展速度加快，迅速压缩了制造成本。随着技术进步，从 2017 年开始，平面、曲面、柔性的显示屏幕陆续问世。目前的制造技术主要使用非晶硅、多晶硅或氧化铟镓锌材料。

硅是周期表中原子序数为 14 的化学元素。人类对硅的利用历史悠久，它在多个领域中发挥着重要作用。

高倍率下的有源矩阵 LED 显示屏的像素。

1973 年
薄膜晶体管的广泛应用

1973 年
机器人

1974 年
智能卡

# 带来工业和社会剧变的机器人技术

　　第一个完全自主的机器人是在尼尔斯·尼尔森（Nils Nilsson）的指导下开发的。它的名字叫沙基（Shakey），于 1968 年在美国的斯坦福研究所诞生。它相当笨重，而且自动化程度不高。之后，布鲁克海文国家实验室设计了一个拥有模拟"器官"的塑料机器人，以观察辐射剂量阈值。在这些经验的基础上，美国米拉克龙公司在 1973 年开发出第一台由小型计算机控制的工业机器人 T3，服务于 The Tomorrow Tool 计算机系统。1970 年，斯坦福研究所制造了一个机械臂。它由一台小型计算机控制，于 1974 年被安装在 Vicarm 公司制造的机器人上。

　　然而，直到微处理器和微型计算机出现，真正意义上的机器人才得以问世，电子学和固态电路专家开始制造各种用途的传感器和执行器。挪威阿西亚－布朗－勃法瑞公司（ABB）加入竞争，并在 20 世纪 70 年代生产了两个由微机控制的工业机器人。美国尤尼梅申公司收购 Vicarm 公司后，在 1978 年生产了 Puma 机器人（Programmable Universal Machine for Assembly，意为"可编程的通用装配操作器"）。

　　在法国，各种专业的机器人协会应运而生，包括法国工业机器人协会和法国人工智能协会，它们对机器人的定义及其分类进行了一些界定工作。

　　日本的工业机器人和自动化设备的研制工作也起步很早，并带来了丰富多样的产品。2000 年，人工智能技术的发展给机器人技术带来了新的动力和无限的想象。

2009 年，以色列理工学院医学机器人实验室的研究人员展示了一种直径为 1 毫米的微型机器人 Virob，它可以在血管中活动。

装配厂中的机器人。

**另请参阅**

▶ 工业自动化的兴起，第 76—77 页

▶ 谁提出的"机器人"一词？第 184—185 页

▶ 人工智能，第 302—303 页

# 谁提出的"机器人"一词?

1920 年，捷克作家卡雷尔·恰佩克在他的一部戏剧《罗苏姆的万能机器人》(*Rossum's Universal Robots*)中创造了"机器人"一词。在该剧中，这个词用来指代由科学家罗苏姆(Rossum)建造的一群人形自动装置，它们能够执行他的命令。

机器人(robot)一词源自捷克语robota，意思是"工作"。自古以来，有很多关于机器人的故事，它们的命运是悲惨的，因为它们最终往往反抗了自己的创造者。例如，在犹太传说中，1580 年在布拉格有一个叫勒夫(Loew)的人发明了泥人傀儡(Golem)。作家玛丽·雪莱(Mary Shelley)在 1831 年出版的书中创造了一个名叫弗兰肯斯坦(Frankenstein)的怪物角色。查尔斯·巴贝奇正致力于研发他的计算机器，并提出了人工智能理论。1939 年，女演员朱迪·嘉兰(Judy Garland)主演的电影《绿野仙踪》(*The Wizard of Oz*)中出现了"铁皮人"，一个机器人角色。乔治·卢卡斯(George Lucas)更加大胆，拍摄了以机器人为主角的电影《星球大战》(*Star Wars*)(1977 年第一部上映)，声名大噪。

1941 年，科幻小说大师艾萨克·阿西莫夫(Isaac Asimov)首次使用了机器人学(robotics)一词。他后来在小说《转圈圈》(*Runaround*)中提出了著名的"机器人学三大法则"。

1939 年上映的著名电影《绿野仙踪》中的机器人。

1973 年       1974 年       1974 年

机器人       智能卡       罗兰 · 莫雷诺

# 智能卡

　　智能卡是 20 世纪的又一项伟大发明。这要归功于罗兰 · 莫雷诺，一个备受媒体关注的法国人。他是一位天才，想到了在银行卡等卡片中引入存储电路。起初，他使用的是一种 PROM 存储器，然后又换成 EPROM 和闪存。莫雷诺使用一个裸露的小硅块直接用作存储器，没有外壳封装，这就是"芯片"。然后，他在芯片上加装连接功能，使其能够被外部设备识别。最终他设计了一个特殊的装置，使卡片内存可以被操作、读取，甚至被修改。

　　1974—1979 年，莫雷诺申请了多项专利，最后一项专利于 2000 年 9 月到期。布尔第一个从莫雷诺那里获得了授权，委托米歇尔 · 乌贡（Michel Ugon）开发电子芯片，并用微处理器处理数据。米歇尔 · 乌贡于 1977 年成功申请了他的第一个专利。

　　大约 10 年后，智能卡才被银行业接受，并成为日渐普及的支付手段。1983 年，存储卡被改造成能够用于电话通信的电话卡。智能卡的最初应用包括银行卡、电话卡、停车卡和医疗卡，后来扩展到移动电话卡（SIM 卡）、电视解密卡、安全卡和身份证，以及许多其他类型的智能卡。

　　智能卡市场中最大的公司之一是来自法国的金普斯，由物理学家和摩托罗拉前员工马克 · 拉叙斯（Marc Lassus）于 1988 年创立。金普斯随后与荷兰公司雅斯拓（石油和天然气集团斯伦贝谢公司的子公司）合并，整合了全球智能卡市场。二者合并成为全球领先的金雅拓公司。该公司于 2017 年的收入为 32 亿美元，在 47 个国家拥有 15,000 名员工，其中 3000 名来自法国。

人们在日常生活中离不开智能卡。

**另请参阅**
▶ 智能卡之父罗兰 · 莫雷诺，第 188—189 页

1974 年
智能卡

1974 年
罗兰 · 莫雷诺

1975 年
摩托罗拉

# 智能卡之父罗兰 · 莫雷诺

　　罗兰 · 莫雷诺（Roland Moreno）于 1945 年在埃及开罗出生，2012 年在巴黎去世。1968 年，他成为《快报》的一名信差。他喜欢发明一些稀奇古怪但没什么实际用途的机器，时常让同事感到新奇有趣。后来，他被委托设计一台投掷大理石的机器，然后又被委托制造一个螺旋桨——这项工作使他接触到了许多电视明星，包括让 - 诺埃尔 · 古尔冈（Jean-Noël Gurgand）、让 · 雅南（Jean Yanne）、雅克 · 伊热兰（Jacques Higelin）和热拉尔 · 西尔（Gérard Sire）。

　　1972 年，莫雷诺创建了 Innovatron 公司，其目标是"向那些缺乏想法的人售卖想法"。1974 年，他从一篇文章中得知了 PROM 存储器。这是一种集成电路存储器，用户可以在一定的系统帮助下自行编程，以实现个性化想法。

　　磁条支付卡诞生之后，其安全性远未得到保证，而且交易是在终端和中央计算机之间进行的，需要耗费很长的时间。罗兰 · 莫雷诺针对这一问题，提出了关于智能卡的想法。智能卡是一个带有存储器的电子微电路，可以识别持卡人及其银行信息。智能卡的验证是通过输入一个密码来实现的，将实时输入的密码和存储在卡内的密码进行比较，从而对交易予以授权或拒绝。本地完成验证，即卡片完成验证后，交易数据上传银行。

在《环境混乱理论》（Thé orie du Bordel Ambiant）一书中，罗兰 · 莫雷诺以幽默诙谐的写作风格进行自述。

罗兰 · 莫雷诺在其办公室中，摄于 20 世纪 90 年代。

1974 年

1975 年

1975 年

罗兰 · 莫雷诺

摩托罗拉

美国的第一台微型计算机

# 摩托罗拉——英特尔的劲敌

自 1975 年以来，摩托罗拉一直是英特尔在半导体领域的主要竞争对手。它生产了 8 位的 6800 微处理器，与英特尔 8080 微处理器展开竞争。随后，摩托罗拉又制造了 16 位的 6800 微处理器并与 IBM 合作开发具有 32/64 位架构的 PowerPC，主要供应给苹果公司。摩托罗拉公司还开发了一系列小巧的微控制器，由于成本低廉，被广泛应用于消费电子和工业产品。

摩托罗拉由保罗 · 高尔文（Paul Galvin）创立于 1928 年，初始名称是高尔文制造公司，在 1930 年更名为摩托罗拉。公司起初专门从事电子和电信业务，后来又涉足半导体元件业务。

2004 年，摩托罗拉将摩托罗拉半导体部拆分出来，成立了飞思卡尔半导体公司。2006 年，苹果公司决定放弃沿用已久的摩托罗拉生产的 PowerPC 处理器，转而选择 x86 架构，而 x86 来自摩托罗拉的竞争对手英特尔公司。飞思卡尔半导体公司最终于 2015 年被荷兰公司恩智浦收购。摩托罗拉的历史相当辉煌。它生产了著名的 SCR-300 军用对讲机，该设备在第二次世界大战期间被美国军队使用（后来也被法国军队使用）。20 世纪 50 年代，摩托罗拉推出了大众款电视机，逐渐发展成为一家大公司。它是首批制造彩色电视接收机的公司之一。

摩托罗拉还开发和销售了无线网络的基础设备，并在工业和军事产品领域也有所涉猎，参与了"铱星"（Iridium）电信卫星群的发射。摩托罗拉也是最早设计和销售移动电话的公司之一。

**激烈的竞争**

摩托罗拉 6800 微处理器的架构优于英特尔的 8080。它的直接竞争对手是 MOS 科技公司的 6502。它的设计团队由一些从摩托罗拉离职的工程师组成，他们仿照 6800 制造了 6502。6800 微处理器应用广泛，装载在 Apple Ⅱ 等众多设备中。1981 年，当 IBM 设计自己的微型计算机时，宁可选择当时在市场上默默无闻的英特尔，也要跳出摩托罗拉的框架，在竞争中脱颖而出。

**另请参阅**

▶ 英特尔的创立，第 134—135 页

▶ MOS 科技公司横空出世，第 196—197 页

一颗铱星。铱星是一个基于卫星群的电话系统，由摩托罗拉公司在 20 世纪 90 年代初开发。

# 美国的第一台微型
# 计算机

法国微型计算机公司 R2E 公司上市两年后，MITS 公司发明了自己的微型计算机，并生产出了美国的第一台微型计算机。

MITS 公司在 1974 年的财务状况糟糕。据官方报道，公司老板爱德华·罗伯茨（Edward Roberts）试图开发一台微型计算机，希望达到 800 台的销售量。他的合作银行被该计划打动，决定给予支持。英特尔也加以支援，以每台 75 美元的低价向其出售通常售价 360 美元的微处理器。爱德华·罗伯茨随后同《大众电子》（*Popular Electronics*）杂志的总编兼记者莱斯·所罗门（Les Solomon）会面，向他展示了一个模型机，这也是微型计算机的前身。所罗门在《大众电子》1975 年 1 月刊中热情地介绍了这台机器，并立即收到了读者的许多积极反馈。

MITS 的管理层召开会议，商议如何为他们未来的微型计算机命名，并决定以套件为销售单元，由客户自行组装。据说，一位公司领导的小女儿看到他们缺乏想象力，便向他们推荐了"Altair"，这是她在电视上观看著名的《星际迷航》系列时记住的一颗星星的名字。这个名字得到公司管理层的认可并一致通过。价格随后也被确定下来，并在杂志上刊登广告推广产品。1975 年起，订单源源不断地涌入，为生产提供了所需的资金。

Altair 8800 是一款基于 Intel 8080（8008 的改进版）微处理器的个人电脑套件，运行频率为 2MHz。每组套件价格约为 400 美元，已组装完成的产品价格约为 600 美元。它的中央存储器只有 256 字节，编程按键位于机器正面。这台机器的历史虽然可以追溯到 1975 年，但当时的产品既没有键盘，也没有只读存储器。可以说，它还是不完美的产品。

**一个真实的故事**

有很多证据表明，美国的第一台微型计算机是以法国的 Micral 为原型设计的。1974 年 5 月，《大众电子》杂志的莱斯·所罗门在芝加哥举行的美国国家计算机大会（National Computer Conference，NCC）上发现了 Micral，随后收集了它的详细信息。他随即去拜访了他的朋友爱德华·罗伯茨，当时罗伯茨的工作是销售飞机模型的遥控器，并没有任何信息技术方面的经验。仅仅 6 个月后，罗伯茨就推出了 Altair。

美国第一台微型计算机 Altair 8800，MITS 公司制造。

1975年
美国的第一台微型计算机

1975年
微软

1976年
微处理器

# 微 软

微软是世界上最大的公司之一，2017—2018 财年的收入超过 1000 亿美元，利润超过 200 亿美元。

微软是一家美国的跨国公司，由比尔·盖茨（Bill Gates）和保罗·艾伦（Paul Allen）于 1975 年创立。

微软起家时，其主营业务是为 MITS 公司的微型计算机开发 BASIC 语言解译器。比尔·盖茨冒出一个天才的想法：微软无须出售解译器，而是将其使用权许可授予 MITS，每售出一台机器，就可以收取相应的版税。

微软随后从加里·基尔代尔（Gary Kildall）手中收购了 QDOS（Quick and Dirty Operating System，意为"简易的操作系统"），将其以 DOS 的名义向 IBM 授权使用。1986 年，微软畅销的 Windows 操作系统诞生了。如今，该公司的主营范围包括应用程序（Office 系列等）、计算机和外围设备，同时在游戏、搜索引擎、语言、增强现实（AR）、人工智能（AI）等领域也有所涉猎。

微软的开发程序经营有方，注重不断推出更新和升级版本，从而修正错误和丰富产品的功能。

比尔·盖茨以约 900 亿美元的财富一度成为世界首富。但他的排名后来有所下降，亚马逊创始人杰夫·贝索斯（Jeff Bezos）在 2018 年时远远超过了他。自 2007 年 10 月以来，比尔·盖茨一直与妻子一起致力于他创建的人道主义基金会。

**Cortana**

自 2014 年以来，微软一直致力于开发 Cortana。这是一款虚拟个人助理，主要基于必应公司的搜索引擎，用户智能手机上的可用数据（包括联系人、电子邮件、日历等），以及人工智能技术。Cortana 内置于 Windows 10 操作系统，同类产品还有苹果公司的 Siri 助手、三星公司的 S-Voice、亚马逊的 Alexa、谷歌的 Google Now 和 IBM 的 Watson 助手。

比尔·盖茨（左）和保罗·艾伦（右），摄于 1983 年。

# MOS 科技公司横空出世

查克·佩德尔（Chuck Peddle）是另一位富有远见的美国发明家。他是摩托罗拉公司6800 微处理器开发团队的一员，但他认为当时摩托罗拉的产品售价太高，几乎要 200 美元一台。离开摩托罗拉后，查克·佩德尔创建了 MOS 科技公司，迅速研制了 6501 处理器，引脚配置和摩托罗拉 6800 完全相同。为了避免潜在的诉讼纠纷，MOS 科技公司随即推出了稍加改动的 6502 处理器，以区别于摩托罗拉的 6800。6502 处理器价格低廉，当查克·佩德尔出售给苹果公司的创始人之一史蒂夫·沃兹尼亚克（Steve Wozniak）时，每台价格仅为 25 美元。6502 处理器脱颖而出，获得众多计算机制造商青睐。

尽管 MOS 科技公司被摩托罗拉起诉抄袭并处以罚款，但还是并入了康莫多国际公司——它的主要客户之一。康莫多国际公司的创始人是杰克·特拉梅尔（Jack Tramiel），他同样是一位传奇人物，拥有令人难以置信的人生经历。他一度被关押在希特勒的集中营，在被美国人解救后，加入了美国军队继续作战。

在计算机的早期时代，制造商还没有普遍意识到薄利多销的重要性。查克·佩德尔眼光独到，研制了价格低廉的 6502 处理器。图为第一台带 MOS 6502 处理器的计算机。

# 微处理器

在英特尔开发 8008 微处理器及其后续产品的同时，以热销的摩托罗拉 6800 为首的第一批竞争者也涌入了市场。MOS 科技公司的 6500 系列紧随其后，Zilog 公司的 Z80 也加入竞争并表现出色。为了与这些产品同台竞技，英特尔推出了 8085，但依旧只是 8 位的处理器。1976 年，英特尔终于研制出了 16 位的微处理器 8086，由 1971 年加入公司的法国人——让·克劳德·科尔内（Jean-Claude Cornet）领导开发。8086 有 29,000 个晶体管，性能是 8080 的 10 倍。

同年，英特尔还发布了世界上首款 8 位微控制器 8748，它在单一硅芯片上集成了中央处理器、存储器（含有一个 EPROM 存储芯片），以及输入输出功能。实际上，微控制器就是一个集成电路，不仅集成了处理器，还集成了只读存储器、随机存取存储器和专用的输入输出电路。

从 1982 年开始，英特尔陆续推出了全新的 16 位处理器，即 186、286 和 388，以及 16 位的微控制器 8096。该系列不断推出新产品，性能越来越好，但代价是耗电量的增加。

然而，在智能手机处理器市场上，英特尔没有延续一贯的成功。这是因为智能手机采用了一种完全不同的架构，即 ARM 架构。1983 年英国的 Acorn 计算机公司开发了 ARM 架构，1990 年 Acorn 计算机公司独立出 ARM 公司，推出更多版本的 ARM。ARM 体系结构简单，具有低功耗性。ARM 处理器在嵌入式计算领域占主导地位，特别是移动电话和平板电脑上。市面上流行着多款由不同制造商生产的 ARM 处理器。

**英特尔的竞争对手**
英特尔的第一批竞争对手有摩托罗拉、MOS 科技、Zilog、国民半导体、仙童半导体、超威半导体、美商安迈、西格尼蒂克、罗克韦尔自动化、德州仪器、IBM 等公司。其中许多公司如今已经不复存在了。为了提升性能，制造商通常会在技术能力允许的范围内，将微处理器的内部组件数量增加一倍到两倍，并开发出多种创新的加速技术。然后，在微处理器中集成数个处理器，以实现多核处理功能。

计算机主板上的微处理器，华硕制造。

1976年
微处理器

1977年
磁泡存储器和奥氏存储器

1977年
苹果公司

# 磁泡存储器和奥氏存储器

研究人员不断探索其他存储电路，但并非所有努力与尝试都是成功的。

1966 年，贝尔实验室的安德鲁·博贝克（Andrew Bobeck）提出了磁泡存储器的概念，然后在 20 世纪 70 年代实现了其电路设计。在磁泡存储器中，每一个位元的数据都以磁泡的形式存储在一个磁中性基底上。这种存储器是非易失性的，因此断电不会导致信息丢失。德州仪器公司在 1977 年销售了第一款磁泡存储器。1979 年，英特尔磁电公司（英特尔的子公司）也推出了磁泡存储器，即 100 万比特容量的 7110。

奥氏存储器，也称为相变存储器，是一种固态半导体存储器，由美国能源转换设备公司总裁斯坦福·沃弗辛斯基（Stanford Ovshinsky）博士开发，使用了硫系玻璃作为相变材料。这是一种非晶态的半导体，它在非晶态模式下横向电阻很高，在晶态模式下横向电阻却又很低。通过激光脉冲，存储器可从一种模式切换到另一种模式。同样，这种存储器也是非易失性的。

美国军方立即对奥氏存储器产生了浓厚兴趣，因为它本身具有抗电离辐射性，这与硅存储器不同。奥氏存储器甚至被用于太空中的测试项目。尽管表现效果很好，甚至取得了一些成果，但因为该产品的稳定性不佳，总体结果并没有达到预期。

"失之东隅，收之桑榆。"硫族化合物随后被重新采用，用以制造可重写的 CD 和 DVD 光盘。这促使英特尔在 2000 年与 Ovonyx 公司合作，基于能源转换设备公司的专利继续发展相关技术。

人们开启香槟以庆祝磁泡存储器的问世。

200

1977 年
磁泡存储器和奥氏存储器

1977 年
苹果公司

1979 年
英国的微型计算机浪潮

# 苹果公司

苹果公司的历史最早可追溯到乔布斯童年时期位于加利福尼亚州洛斯阿尔托斯家中的车库。1976 年 4 月 1 日，史蒂夫·乔布斯、史蒂夫·沃兹尼亚克和罗纳德·韦恩（Ronald Wayne）联合创建了苹果公司，尽管韦恩只参与了两个星期。公司于 1977 年 1 月注册，原称苹果电脑公司，2007 年 1 月更名为苹果公司。

苹果公司成为跨国公司巨头的成功秘诀在于其对创新、人体工学和美学的不懈追求，以及出色的营销方式、宣传和可观的利润空间。苹果公司主营业务包括设计和销售硬件、软件与服务，提供包括台式计算机、笔记本电脑、软件、音乐播放器、智能手机、平板电脑、音乐、云服务在内的多种产品。

苹果公司的第一台微型计算机是 Apple Ⅰ，由史蒂夫·沃兹尼亚克主导设计，最初只面向一个特定的计算机俱乐部。Apple Ⅱ 推出后开始面向大众销售，沃兹尼亚克为它配备了高分辨率的图形处理器，从而能够显示图像。直到 1984 年 Macintosh（Mac）面世之前，Apple Ⅱ 都在市场保持着竞争优势。尤其是 1979 年，随着第一个电子表格软件 VisiCalc 的大卖，苹果公司脱颖而出，进入到专业办公领域。此外，苹果公司也向计算机辅助出版（CAP）领域投入了大量资源。

2017 年，苹果公司员工人数为 11.6 万，商业版图遍布 22 个国家，经营约 500 家苹果商店。其 2017 年的年利润为 450 亿美元，销售额高达 2300 亿美元。作为 GAFAM[ 谷歌（Google）、苹果（Apple）、脸书（Facebook）、亚马逊（Amazon）、微软（Microsoft）的首字母缩写组合 ] 的一员，苹果公司收益非常可观。

2018 年年中，苹果公司的市值超过了一万亿美元大关，当时，亚马逊估值约为 9250 亿美元。当然，股票市场的波动是不可预测的……

著名的微型计算机
Apple Ⅱ

夏娃用象征知识的禁果引诱亚当，这可能是苹果公司商标创意的来源之一。《亚当和夏娃》（Adam et Ève），老卢卡斯·克拉纳赫（Lucas Cranach）绘。

# 谁发明了图形用户界面和鼠标？

1979 年 11 月，史蒂夫·乔布斯带领一个小型团队，在加利福尼亚州参观了施乐公司著名的帕罗奥多研究中心（Palo Alto Research Center, PARC）。

帕罗奥多研究中心成果丰硕，率先提出了图形界面概念、图标和"所见即所得"（What You See Is What You Get, WYSIWYG）的设计原则。

史蒂夫·乔布斯对这次造访印象深刻。他还发现了 10 多年前道格拉斯·恩格尔巴特（Douglas Engelbart）在斯坦福研究所工作时发明的鼠标。恩格尔巴特是计算机科学的先驱，致力于人机交互界面的开发，并发明了网络使用的超文本系统。

苹果公司团队备受启发，将一些创意整合到了 Macintosh 计算机中。后来，这些创意被其他制造商推广和采用。

道格拉斯·恩格尔巴特展示他发明的鼠标。

1977 年
苹果公司

1979 年
英国的微型计算机浪潮

1979 年
可配置电路

# 英国的微型计算机浪潮

микро型计算机尚未普及时，价格相对昂贵。这时，英国也加入市场，试图通过其过渡性的原创产品分一杯羹。他们以同类产品无可匹敌的低廉价格出售小型机器，占据大部分市场份额。这些机器只需连接电视机来作为屏幕使用。大众通过基础的 BASIC 语言了解了计算机，并在转向更专业的计算机前，通过电子游戏娱乐生活。

第一款袖珍机 ZX80 由克莱夫·辛克莱（Clive Sinclair）爵士开发，于 1979 年年底发布，并于 1980 年年初作为套件开始销售。最畅销的 ZX81 则于 1981 年 3 月上市，组装售价为 70 英镑，套件价格为 50 英镑。它的性能比较一般，RAM 容量仅为 1KB，但胜在经济实惠，当时的价格定为 590 法郎，约合 96 美元。在美国，ZX81 在天美时品牌旗下销售，非常受消费者欢迎，短短几年销售量就超过了 100 万台。在辛克莱的巴黎总部，前来购买的顾客排起了长队，设备一交付到店就一抢而空。1982 年，辛克莱继续推出了 ZX Spectrum，这是一款风靡欧洲的小型入门级计算机，屏幕显示细腻并具有高达 48KB 的大容量内存。

ZX81 的成功吸引了许多公司竞相模仿，大量的同类小型计算机涌入市场。因此，与辛克莱的 ZX 系列一样，英国 Oric 公司也在 1983 年推出了一款成功的小型计算机 Oric 1。后来在 Oric Atmos 系列中继续开发，配备了键盘和真正的按键。在法国，汤姆森 – 勃兰特集团也于 1981 年推出了 TO-5，提供 64KB 内存和 16 色屏幕，性能在当时非常优越。它的售价为 2500 法郎，约合 410 美元。随后，新产品 TO-7 和 MO-5 分别于 1982 年和 1984 年 1 月推出。马特拉 – 阿歇特集团也推出了自己的产品 Alice。实际上，随着 IBM 研发的个人计算机（PC）的到来，微机市场已经不再像以前一样繁荣了。

**其他竞争对手**

在其他竞争对手中，较为瞩目的是来自英国的格伦迪公司的 British New Brain，它的定位更加专业，提供了每行显示 16 个字符的荧光显示屏。德州仪器的 TI 99-4A 也大获成功。此外，法国马特拉集团生产的 Tandy MC-10 也不容忽视。然而，这些机器并没有在市场上保持长时间的流行。

**另请参阅**

▶ IBM 推出第一台个人计算机，第 218—219 页

辛克莱公司制造的小型计算机明星产品 ZX81。

# 满足用户不同需求的
# 可配置电路

集成电路集成了数千甚至数百万相同的元件，以降低其成本。但是一旦制造出来，就不可被修改。然而，用户有时需要定制市场上没有的特殊电路。这就是可配置电路诞生的原因——用户可以根据需要对其进行配置，以适应特殊需求。

可配置电路又称可编程集成电路（Programmable Integrated Circuit，PIC），最初以可编程只读存储器（PROM）的形式出现，用户可以在其中存储自己的程序。20 世纪 70 年代初，人们开发了可以通过编程实现完全配置的双极电路。在设计电路时已经包含了许多逻辑架构，用户可以通过简单的编程来组装并按要求运行。然而，直到 20 世纪 70 年代末，可配置电路才进入全盛时期，特定用途集成电路（ASIC）随后被开发出来。

最初，可配置电路致力于简单功能的逻辑组合，如地址解码；随后，更高级的配置电路实现了极其复杂的电路开发，如监测系统、测量、气象调查、机器人、机器学习、处理器等。

高级的可配置电路包括可编程逻辑阵列（PLA）、可编程逻辑器件（PLD）、电子可编程逻辑器件（EPLD）、复杂可编程逻辑器件（CPLD）、现场可编程逻辑阵列（FPGA）等。

可重复编程存储器。数字集成电路芯片采用细银线，擦除功能通过上方小窗口的紫外线脉冲实现。

由赛灵思（XiLinx）生产的现场可编程逻辑阵列芯片。

1979 年
可配置电路

1979 年
办公软件

1981 年
"梯队系统"

# 办公软件的发展

人们普遍认为，1979 年将 VisiCalc 电子表格程序引入 Apple Ⅱ 计算机，是苹果公司为微型计算机的普及做出的最大贡献。VisiCalc 由软件艺术公司开发，并由可视公司销售。随后，VisiCalc 继续推出了适配 PC 的版本。其他电子表格软件紧随其后，如 1982 年的 Multiplan、Lotus 1-2-3、宝蓝公司的 Quatro Pro、dBase Ⅱ、dBase Ⅲ，以及微软的 Excel。

在文字处理方面，微软的 Word 可谓是行业标杆。但在 Word 之前也有许多文字软件，其中一些甚至比 Word 更出色。例如，1980 年上市的 WordPerfect，由艾伦·阿什顿开发；1980 年 Micropro 推出的文字之星（WordStar）；还有莲花公司制造的 Ami Pro，同样表现优异。1983 年，纯法语文字处理器 Textor 问世，由 M. 洛蒂瓦（M. Lorthiois）创立的 Talor 公司分销，性能优良。

当时，软件产品相对昂贵。法国的数学家菲利普·卡恩（Philippe Kahn）认为，软件最好是薄利多销，他开发了自己的第一批程序，其中包括 Sidekick 管理器。他在 1982 年创建了宝蓝公司。由于在法国受到太多限制，他把公司搬到了美国，在那里发家致富，一度成为该行业的巨头之一。

苹果公司巧妙地借鉴阿图斯公司于 1985 年推出的桌面软件 PageMaker，从中获益。阿图斯公司后被 Adobe 公司收购。随后，又诞生了另外两个重要软件：Quark 公司的 QuarkXPress，以及 Adobe InDesign。

1984 年，首批办公软件套件亮相，其中表现亮眼的是 IBM 的 Assistant 系列，支持绘图、写作、计划和报告功能。随后是微软的 Office 系列，以及主打免费的文档基金会的 Libre Office 系列。

电话销售人员使用计算机应用程序工作。

1979 年
办公软件

1981 年
"梯队系统"

1981 年
隧道显微镜

# "梯队系统"——
# 全球间谍网络

"梯队系统"是一个全球性的自动拦截和监听通信系统,不受任何媒介渠道的限制。该系统建立于 1971 年,并从 1981 年开始由美国、英国、加拿大、澳大利亚和新西兰这 5 个英语国家,在极度保密的情况下实施。"梯队系统"网络主要由美国的电子情报机构美国国家安全局管理。

"梯队系统"擅长利用语音识别技术窃听,能够自动识别对话中的关键词,每天拦截几十亿次通信。它覆盖全球网络,通过卫星、5个创始国的大型窃听基地和小型拦截站、大使馆来窃取情报,有时甚至还动用潜艇。它拦截传真、电话通信和电子邮件,以及互联网上的其他信息。由于背后有一个强大的计算机网络支持,它能够根据某些术语对书面通信进行分类,并根据语音语调对口头通信进行分类。

新西兰研究员尼基·黑格(Nicky Hager)揭露了这个强大的全球监控网络的存在。该网络最初的代号为"Echelon",意思是"梯队"。他的调查首次详细披露了美国国家安全局的行径,解释了美国是如何监控所有国家间通信的。1998 年,欧洲议会的一份报告批评"梯队系统"侵犯了"非美国人的通信隐私,包括欧洲政府、公司和公民的隐私",引发了媒体对该间谍网络的关注。其他国家也曾试图建立一个类似的情报网络,法国也不例外,但资源有限,未能成功。

**经济间谍活动**

据推测,"梯队系统"也被用于经济间谍活动。从"梯队系统"间谍活动收益中受益的主要公司是那些制造网络设备的公司,包括洛克希德公司、波音公司、劳拉空间系统公司、天合汽车集团和雷神公司。欧洲的公司很可能受到了"梯队系统"的负面影响,但由于与美国有贸易往来,他们对此保持沉默。

监听站的雷达罩。

1981 年
"梯队系统"

1981 年
隧道显微镜

1981 年
第一台个人计算机

# 看得到原子的隧道显微镜

　　1981 年，在 IBM 位于苏黎世的实验室，格尔德·宾宁（Gerd Binnig）和海因里希·罗雷尔（Heinrich Rohrer）发明了一种新型显微镜，即扫描隧道显微镜（Scanning Tunneling Microscope，STM）。这种显微镜性能极佳，能够显示甚至操纵原子。他们两人因此在 1986 年共同获得诺贝尔物理学奖。1989 年 9 月，物理学家唐·艾格勒（Don Eigler）成功地用扫描隧道显微镜对单个原子进行了操控和定位。两个月后，他成功用 35 个氙原子拼出"IBM" 3 个字母，整个过程花了 22 小时。他说："我们想表明的是，我们可以用一种很简单的方式来定位原子，就像孩子们玩乐高积木一样：你拿着积木，把它们放在你想要的地方就好了。"

　　扫描隧道显微镜可以在各种环境（空气、水、油、真空）下直接观察导电表面的原子和原子结构。1983 年，IBM 的研究人员成功地以三维方式观察材料的表面，如硅、金、镍等材料。然而，被观察的样品必须是能导电的。隧道显微镜发明后，其他类型的扫描探针显微镜也被开发出来，特别是 1986 年的原子力显微镜（Atomic Force Microscope，AFM）。它不仅可以观察导体表面，也可以观察绝缘体表面。

　　但是，扫描隧道显微镜和原子力显微镜无法探知材料的某些属性。为了弥补这一点，另一代产品被开发出来，即近场光学显微镜。这种显微镜应用了类似的原理，通过检测位于物体表面附近的波，近场光学显微镜得以探测物体属性。它的首次应用可以追溯到 1984 年。总体而言，上述所有纳米级（十亿分之一米）结构研究的观察技术都催生了一门全新的物理学，即纳米物理学，纳米技术也随之诞生。

**巴斯德研究所的 Titan Krios 显微镜**
2018 年 7 月，巴斯德研究所研制了世界上最强大的低温电子显微镜 Titan Krios。它能够在原子水平上观察样品，提供高达 1/10 纳米的分辨率相当于一个原子大小。较光学显微镜而言，其功能增强了几百万倍，后者的分辨率仅为 200 倍左右。Titan Krios 使用的是 20 世纪 80 年代中期开发的冷冻透射电子显微镜技术。

**另请参阅**
▶ 纳米技术和纳米管，
　第 250—251 页

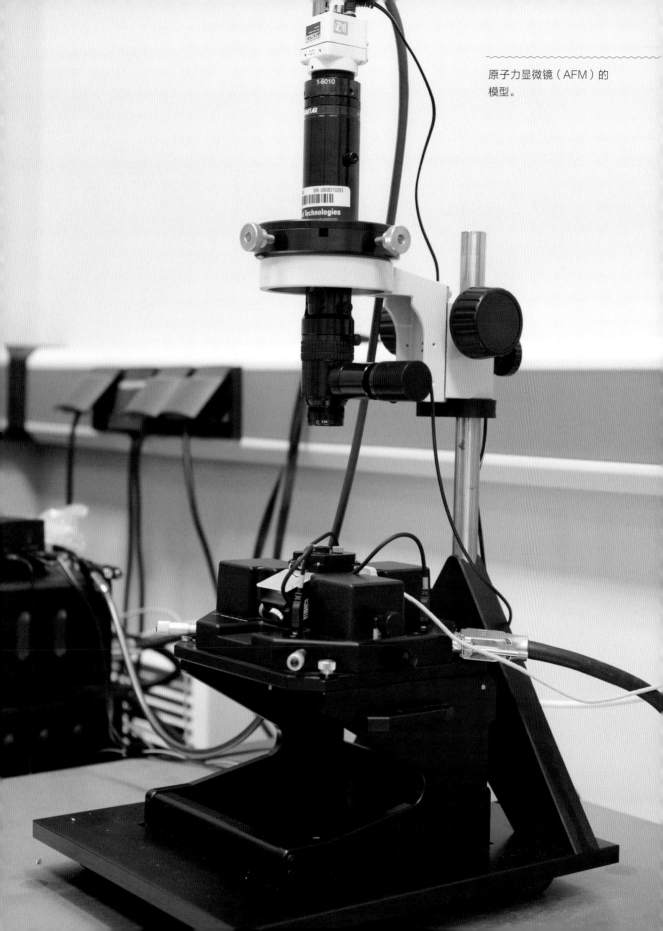

原子力显微镜（AFM）的
模型。

# 原子论继承者 伊壁鸠鲁

公元前 300 年左右，同更早的德谟克利特一样，伊壁鸠鲁（Epicurus）也认为物质不能被无限分割，而是由极其微小的颗粒，即不可分割的原子组成。这些原子的移动是随机的，物质就是原子组成的集合体。他甚至进一步提出，灵魂也是由原子组成的物质，而不是某种非物质的精神实体。

罗马共和国末期的诗人和哲学家卢克莱修（Lucretius）在《物性论》（*De Rerum Natura*）第五卷写道："许多的事物的始基，各式各样，自无限的远古以来就被撞击所骚扰，并且由于自己的重量而运动着，经常不断地被带动飘荡，以一切的方式互相遇集在一起，并且尝试过由于它们的互相结合而能够创造出来每一样东西……"

伊壁鸠鲁还提出了科学判断的重要标准：基于经验形成对一个事实的看法；必须没有反证；理论必须不被现象所质疑。

伊壁鸠鲁像，罗马首都博物馆藏。

1981 年
隧道显微镜

1981 年
第一台个人计算机

1981 年
调制解调器

# IBM 推出第一台个人计算机

在当时的计算机专业人士看来，微型计算机只能算玩具，因此他们限制了微型计算机在公司中的应用。尽管如此，微型计算机还是以一种零散的方式得到发展。越来越多的微型计算机出现在办公室和公司里，通常都是由用户个人购买。

IBM 关注到了这一需求，预见到一个新的市场即将出现，于是任命一个特别小组开发微型计算机。该小组由比尔·洛（Bill Lowe）领导，汇集了一些爱好微机的开发者，包括后来被认为是 IBM 个人电脑之父的唐·埃斯特里奇（Don Estridge）。开发小组在佛罗里达州博卡拉顿的 IBM 实验室工作，在不到一年的时间里就研发出了一台微型计算机。1980 年，个人计算机（PC）项目被提交给 IBM 的执行委员会。

这个意外的成果引发了巨大的反响。这是 IBM 帝国强有力的一次反击，彻底搅乱了计算机世界。IBM 与英特尔在微处理器方面合作，又与微软就操作系统合作，制定了新的行业标准，只有苹果公司坚持抵制。个人计算机的出现为微型计算机赢得了荣誉身份，这才登上了"大雅之堂"。个人计算机由市场上的标准部件组装而成，于 1981 年以 PC 的名义公开亮相。法国的个人计算机直到 1983 年 1 月 18 日才正式公布。

个人计算机是围绕英特尔的 8088 16 位微处理器构建的。为了找到合适的操作系统，IBM 曾考虑过拥有 CP/M 操作系统的数字研究公司。这家公司的创始人加里·基尔代尔似乎没有意识到这次合作的重要性，缺席了洽谈会议。比尔·盖茨则抓住机会回应了 IBM 的要求，开发了磁盘操作系统（DOS）。2005 年，中国的联想公司接管了 IBM 的个人计算机部门。

**克隆者**

因为个人计算机是基于标准产品设计的，所以它几乎可以被完全复制。但作为其初始程序，基本输入输出系统（BIOS）是受专利保护的，不能被直接使用。尽管如此，模仿制造个人计算机的卖家开始大量涌现。最初是查克·佩德尔（Chuck Peddle）创建的天狼星公司，然后是红极一时的康柏公司，它曾在一段时间内主宰了全球个人计算机市场。其他公司紧随其后，包括美国的奥斯本公司和它的 12 千克笔记本，以及戴尔公司。法国也是参与者之一，拥有 Léanord、SMT-Goupil 等公司。

IBM 推出的第一台个人计算机。

1981 年
第一台个人计算机

1981 年
调制解调器

1983 年
等离子体的应用

# 用于通信的调制解调器

调制解调器（modem）是调制器（modulator）与解调器（de-modulator）的缩写。它作为计算机和电话线之间的中继设备，起初用于计算机（也包含某些外围设备）之间的通信，后应用于互联网连接。它的主要功能是连接计算机和电话线，因为计算机是在数字模式下工作，而当时的电话线仅在模拟模式下工作。电话线只能传输声音，不能传输二进制脉冲信号。因此，调制解调器在传输信号时将二进制转换为语音频率信号，在接收时则进行相反的转换。这样一来，这些语音频率就可以通过电话线传输了。

大约在 20 世纪 50 年代末，调制解调器首次被用于美国半自动地面防空系统。SAGE 部署了一个专用线路系统，但线路两端仍使用与调制解调器类似的设备。IBM 是该系统的计算机和调制解调器的主要供应商。

1981 年，首批声学调制解调器问世，能够通过传统的电话线运行，用听筒上的橡胶接头便可连接到电话上。此后，新一代调制解调器变成了纯电子设备。

1994 年，依据 V.32bis 标准，调制解调器的速度为每秒 14.4 千比特。V.34 标准速度上升到 33 千比特 / 秒，V.90 标准进一步提高到 56 千比特 / 秒。根据线路质量和占用情况，调制解调器可以自动切换到较低的频率工作。

调制解调器的工作模式和速度依据国际电话和电信咨询委员会发布的通行标准制定。随着时间的推移，调制解调器被互联网盒和非对称数字用户线路（ADSL）所取代。

**卡式或外置调制解调器**
最初的独立调制解调器可以连接在计算机外部，也可以作为插卡置于计算机内部。早期调制解调器命令语言是基于贺氏公司的基准制定的，因此也被称为贺氏指令。

废弃的老式调制解调器和路由器。

1981 年
调制解调器

1983 年
等离子体的应用

1983 年
军用激光器

# 等离子体在工业生产和显示器制造中的应用

在物理学中，等离子态是指除液态、固态和气态之外的第四种物质状态。等离子体是部分或完全电离的物质。这个词由美国人欧文·朗缪尔（Irving Langmuir）在 1928 年首次使用。等离子体在中高电压放电的条件下产生。

在工业上，等离子体被用来切割各种类型的材料，使用场景包括沉积加工、雕刻、表面改性、离子注入式半导体掺杂、空间推进系统、核聚变等。

在 LCD 制造商还无法生产大屏幕、OLED 技术也还尚未成熟的情况下，等离子显示器经历了一段全盛时期。等离子体屏幕占据了显示器市场，其对角线尺寸可达 1 米以上，甚至能够达到数米。

等离子体显示器的研发工作距今并不久远。1965 年美国启动了相关研究，1969 年由欧文斯伊利诺斯玻璃公司和日本富士通公司率先开发。IBM 的第一台等离子体工作站是在 1983 年创建的，当时日本广播协会正在致力于开拓电视市场。富士通于 1990 年制造了第一个 21 英寸（约 54 厘米）的三色屏幕，为东京证券交易所提供服务。

法国汤姆逊集团在 1991 年生产了第一个 23 英寸（约 60 厘米）的 512 色屏幕。在这一领域最早开始大规模生产的两个企业分别是 1999 年创建的富士通日立等离子公司（FHP）和提供信息技术产品的日本电气公司。

用等离子割炬切割金属。

等离子体有许多应用，图为等离子体涂层技术。

# 互联网服务提供商和他们的价格战

互联网服务提供商是向广大用户综合提供快速直接的互联网接入业务，以及用户互联业务的电信运营商。除此之外，它还提供电子邮件、域名系统（DNS）、电视频道和网站托管等服务。DNS 是一种分布式计算机服务，负责将人们键入的互联网域名转换成数字互联网协议（IP）地址。

三重播放服务是指通过非对称数字用户线路（ADSI）和互联网盒实现的互联网接入业务，包括国内甚至国外的"免费"电视和电话。随着移动电话接入的增加，它也升级为四重播放服务。然而，接入服务供应商的订购条件常常不太稳定，因为他们正在进行激烈的价格战，试图吸引客户。

连接状态的光纤网络。

# "星球大战"中的激光

1983 年 3 月 23 日，美国总统罗纳德·里根（Ronald Reagan）在电视上宣布，美国为了应对军事挑战，正式启动"星球大战"计划，即所谓的战略防御计划。该项目通过在卫星上配备能够摧毁飞行中的敌方导弹的激光器，计划在太空中建立一个保护盾。这在国际社会引起了轩然大波。由于种种原因，该项目被中止实施，但美国军方对激光技术的研究仍兴趣不减。

激光束热效应所产生的能量可以用来破坏飞机的电子设备或导弹的弹头。照明激光器可用作飞机指示灯，也可用于搜索和避障。

美国的洛克希德－马丁公司在 2017 年宣布了其激光技术研制的一个最新进展。这家公司已经开发出 60 千瓦的激光武器，能够摧毁迫击炮或无人机。但美国海军已经拥有了激光武器系统，可以发射高能电荷，远距离烧毁敌方目标。

枪用激光制导测距仪适配于弹道和非弹道武器，也可以用来辅助射手指定目标。另外，它还被用来辅助在多架飞机编队或空对空加油时保持固定距离。

在执行空袭时，通过从地面发射的激光编码信号，传感飞机在激光信标的光束中飞过时，能够接收到所有必要方向和距离坐标，以精准执行任务。

**大受欢迎的《星球大战》**
《星球大战》（*Star Wars*）是乔治·卢卡斯制作拍摄的科幻电影，其第一部于 1977 年发行。里根总统的"星球大战"计划想必受到了该电影标题的启发。当乔治·卢卡斯得知他的电影片名被用于政治和军事目的时，极为不满。他对美国军工游说集团提出了两起诉讼，但都以败诉告终。

美国海军的激光武器系统。

# 多种类型的闪存

　　闪存技术本身也促成了一场技术革命。闪存应用到了许多领域，比如 U 盘、机械硬盘、数码相机存储，等等，这也是闪存有多种类型的原因。

　　闪存存储器的原型是可编程只读存储器，更准确地说，来自可擦写电子只读存储器。可擦写电子只读存储器一旦被编程，就不可更改。闪存的每个基本存储单元只需要一个 MOS 晶体管，每个晶体管有一个基于隧道效应的贮存电子的浮栅。浮栅上下被绝缘层包围，存储在里面的电子不会因为掉电而消失。

　　闪存可以随意读取和改写，但就目前的技术水平而言，其编程速度还不足以与 RAM 的速度竞争。

　　闪存是由东芝公司的桀冈富士雄（Fujio Masuoka）发明的，1984 年亮相于加利福尼亚州圣何塞市举行的国际电子器件会议。英特尔也参加了这次会议，当即决定投入一个强有力的工程师团队来开发闪存技术。该团队从东芝获得了样品设备，并对其进行了研究。据说，这是美国人第一次进行逆向工程（研究并复制现有产品），而且还是针对日本产品。1985 年，东芝上市了一款 256kb 的闪存存储器。英特尔从 1986 年开始开发了自己的 EPROM 隧道氧化物技术，并成功将此技术商业化。

在个人计算机中，闪存用于存储初始 BIOS 程序、时间和配置。

**另请参阅**
▶ RAM，第 96—97 页
▶ ROM，第 150—151 页

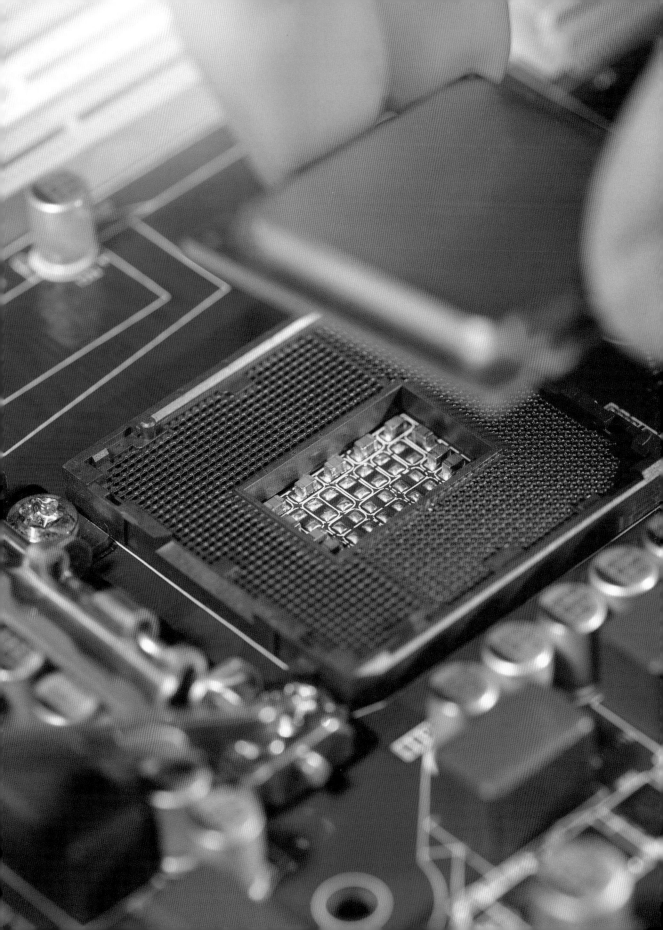

# Windows 操作系统

个人计算机及其兼容设备最初是在磁盘操作系统（Disk Operating System，DOS）下运行，有 MS-DOS（微软）和 PC-DOS（IBM）两种。要想输入 DOS 命令，就必须编辑烦琐的文本行，这让非专业人士望而却步。此外，DOS 是字符型系统，屏幕上只有闪烁的块状字符。

1985 年年底，微软推出了一个新的操作系统，这就是初代 Windows 系统。这是一个图形系统，通过二维平面来显示，允许用户随意修改内容、绘制图像、显示图像等。起初，Windows 系统的效果并不尽如人意，但微软有意识地不断纠正和更新，还陆续发布新的版本。此外，每代产品都有不同的"版本"：家庭版、专业版、商务版、教育版、工作站、服务器、移动版等。最近的版本中著名的有：Windows XP，2001 年发布，2017 年停用；优秀的 Windows 7，2009 年发布，由微软支持到 2023 年；Windows 10，2015 年发布，在发布 3 年后已经拥有 7 亿用户。

1987 年，微软和 IBM 联合开发了 OS/2 操作系统，作为 DOS 的替代。它能够支持多个 DOS 应用程序同时运行（"多任务"）。20 世纪 90 年代，两家公司决裂。在 Windows 前后都曾出现过一些其他的个人计算机操作系统，但通常寿命短暂。只有 Unix 系统及其衍生出来的伯克利软件发行版，以及 Linux、安卓和苹果公司的专有系统，才真正生存至今。

**苹果公司及其操作系统**
苹果公司在 1984 年开发了 Mac OS，这是一个适用于苹果 Macintosh 计算机图形界面的操作系统。1997 年，苹果公司收购了由史蒂夫·乔布斯（苹果公司的创始人之一和前首席执行官）创立的 NeXT 公司（开发了 NeXTStep 产品），并在 2001 年推出了新的 Mac OS X 系统。这是一个具有图形界面的 Unix 系统的变种。Mac OS 10.14 莫哈韦（Mojave），于 2018 年推出，后来被命名为 iOS，配备到苹果公司的平板电脑和智能手机上。

**另请参阅**
▶ 谁发明了图形用户界面和鼠标？ 第 204—205 页

上图是 DOS 窗口。下图是 Windows 10 的窗口。

1985 年
Windows 操作系统

1985 年
CD-ROM

1986 年
网络攻击

# CD-ROM 的发明

光盘（CD）正逐渐退出历史舞台，但在商业音乐等领域还占有一席之地。目前来看，我们尚不清楚取代光盘的将是什么，U 盘可能是潜在的替代者。

光盘的历史可以追溯到 1976 年，当时先锋公司发明了激光盘，并采用模拟激光雕刻技术。1982 年，飞利浦和索尼公司推出了名为 CD-DA（Compact Disk-Digital Audio，意为"激光数字唱盘"）的光盘，用于对音乐进行数字录音。两家公司继续在光盘存储数据方面合作，推出了 CD-ROM（Compact Disc-Read Only Memory，意为"光盘只读存储器"），并于 1985 年制定了统一标准，使 CD-ROM 得到广泛应用。

每张这样的光盘可以存储 650 兆字节的数据，光盘为直径 12 厘米、厚 1.2 毫米的圆片，中央有一个直径 15 毫米的孔。光盘是由透明的塑料制成的，存储表面覆盖着一层保护层。为了读取这一轨迹，半导体元件（激光二极管）会发出一束波长为 650 或 635 纳米的红色激光，沿着圆盘的轨迹前进（撞击区的尺寸必须小于或等于 1 微米）。反射信号由另一个光敏半导体元件光电二极管接收。

市场上出售的光盘既有刻录完成的，也有空白的，这样用户就可以按需刻录。还有一种名为 CD-RW（CD Rewritable，意为"可重写光盘"）的光盘，可以擦除和重写多达 1000 次。

**单个螺旋磁道**
与计算机的多个磁盘以同心圆的形式排列成磁道不同，光盘只有一个螺旋磁道，类似于以前的黑胶唱片。光盘轨道位于直径为 12 厘米的圆盘上，轨道长度拉成直线约为 5.5 千米。读取光盘时，轨道旋转约 2000 圈，其节距（相邻两圈之间的距离）为 1.6 微米（1 微米 =0.001 毫米）。

**另请参阅**
▶ DVD 和蓝光，第 260—261 页

光盘使用带有反光涂层的透明塑料材质，因此看起来是彩虹色的。

1985 年

1986 年

1987 年

CD-ROM

网络攻击

第一个可移动硬盘

# 网络攻击的出现

1986 年传播的大脑病毒（Brain）是历史上公认的第一个计算机病毒。从那时起，计算机病毒和其他恶意软件越来越具有威胁性，并且已经繁殖出超过 10 万个家族或类型。

计算机病毒是一种程序，它在被隐匿地植入计算机系统中后，会开始自我复制和传播，目的是感染并攻击其设计者指定的目标，从而阻碍、伤害或摧毁这些目标。约翰·冯·诺依曼在 1949 年首先指出了制造自我复制程序的可能性。在 20 世纪 60 年代，贝尔实验室甚至编写了《核心大战》游戏，让可自我复制的杀手程序互相对抗。

恶意软件，也被称为流氓软件，是一种故意设计对计算机造成损害的程序。它们的形式五花八门，包括病毒、蠕虫、木马、文件加密（支付赎金解锁）、网络钓鱼（欺诈受害者）等。特洛伊木马软件是伪装成合法程序的恶意软件，它通常将一个寄生程序引入计算机，在设定时间内触发激活。

开发恶意软件的人起初是计算机业余爱好者或仅仅是出于好奇的人，后来发展成为有组织的团伙、黑手党，甚至受雇于秘密发动网络战争的国家。2010 年攻击伊朗铀浓缩离心机的震网病毒（Stuxnet）就是一例。2017 年，恶意软件 Wanna Cry 发动了一场大规模的全球网络攻击，150 多个国家的 30 多万台计算机受到波及。2018 年，英国和美国政府公开指责俄罗斯应为"诺特佩蒂亚"恶意软件造成的损失负责，该软件造成的严重损失据说远远超过 10.5 亿美元。

**自我防护**

要保护计算机安全的措施似乎很简单：保持操作系统和软件的更新，激活防病毒程序和（或）反恶意软件，不在有风险的网站上冲浪，不随便下载任何资源，不打开可疑的附件，保持可靠的备份。

特洛伊木马的艺术构思。特洛伊木马是希腊神话里的奥德修斯提议建造的。

# 黑客和网络犯罪

最初，黑客只是技术爱好者和一些对此好奇的人，他们热衷探索计算机系统的操作原理。

遗憾的是，有些人为了成名获利，变成了恶意的黑客。他们开始传播恶意软件或组织黑客集团，并试图通过诈骗、欺骗（网络钓鱼）或破坏用户数据后勒索赎金（使用勒索软件）来非法获利。

在政府层面，一些国家雇用大型网络犯罪分子团队，准备和（或）开启网络战，这种国家级的攻击经常成为媒体的焦点。为应对这种威胁，各国组建网络安全专家团队作为反制力量应运而生，这些团队有时是从黑客中招募的。

黑客有时也会组成同行俱乐部，举行年度会议，交流讨论相关技术。

犯罪分子锁定公司或用户的计算机，只有收到赎金才解锁。

237

1986 年

网络攻击

1987 年

第一个可移动硬盘

1989 年

触摸式平板电脑

# 第一个可移动硬盘

移动硬盘可以在工作结束时轻易从电脑上取下，并在下次工作时重新插入，其用途是什么呢？其实，它可以保存最宝贵的个人数据，而且可以通过随身携带或锁在保险箱里来确保安全。可移动硬盘诞生之初，就是为保密性要求高的企业或军方服务的。

故事要从西尔让·拉尔·坦登（Sirjang Lal Tandon）博士说起。他于 1975 年在加利福尼亚州查茨沃思市成立了坦登公司，生产软盘驱动器。1985 年，工程师查克·佩德尔加入团队，推动公司转型生产微型计算机。1987 年，查克·佩德尔发明了可移动硬盘，每台机器可以搭载一个或两个硬盘。这种硬盘容量为 30MB，可以反复取出和插入，方便随时取用。1987 年推出的 Tandon Pack 286 计算机是第一台配备这种可移动磁盘的机器。遗憾的是，尽管取得了一定的创新成果，坦登公司后来还是停止了运营。

渐渐地，可移动硬盘开始大范围普及，制造商很快开始生产完全独立的硬盘。这些硬盘不需要插座，可以用 USB 插口连接。现在，3.5 英寸（约 8.9 厘米）或 2.5 英寸（约 6.4 厘米）规格的完全独立的移动硬盘已经随处可见，其容量可达数兆字节，并可通过 USB 插口供电。

**数据和操作系统**

坦登硬盘不仅能存储数据，还可以存储计算机的操作系统及其程序，因此它是一个真正的完整硬盘，可作为计算机的基本硬盘存储器使用。相比之下，USB 外部硬盘不包含操作系统，基本只能起辅助或备份作用。

**另请参阅**

▶ 硬盘，第 92—93 页

▶ 固态硬盘（SSD）取代机械硬盘，第 286—287 页

德国基尔理工大学计算机博物馆展示的可移动硬盘。

1987 年
第一个可移动硬盘

1989 年
触摸式平板电脑

1990 年
投影仪

# 触摸式平板电脑

触摸式平板电脑也被称为平板电脑或电子平板电脑，或是便携式电脑、数字平板电脑、个人数字助理（Personal Digital Assistant，PDA）、平板个人电脑或组织机。

平板电脑就是一个带有触摸屏的小型超薄电脑。和电脑一样，平板电脑可以用来上网、玩游戏、收发信息、看书，但不能打电话。平板电脑不适合用来办公。

第一款触摸式平板电脑是 GRiDPad，于 1989 年推出。它由网格系统公司设计，三星公司生产，价值 3000 美元。随后在 1993 年，英国阿姆斯特拉德公司也推出了同类的产品 Pen Pad PDA 600。

随后，苹果公司在 1993 年发布了掌上电脑"牛顿"（Apple Newton），该款产品带有手写识别软件和触摸屏，推动了市场的发展。它配有单色屏幕和手写笔，使用的操作系统是 NewtonOS。但是，它的市场表现不佳。微软公司则在 2001 年发布了一款平板电脑。它的操作系统是 Windows XP 的平板专属版本，即 Windows XP 平板电脑版系统。

2007 年，苹果公司通过推出具有多点触控界面（可以同时使用多个手指控制）的 iPhone 手机引爆市场。随后，苹果公司又在 2010 年年初推出了著名的 iPad 平板电脑。自那以后，几乎所有的大型制造商都开展了平板电脑业务。

**另请参阅**
▶ 智能手机，第 278—279 页
▶ 电子书，第 254—255 页

平板电脑广受欢迎，早已融入了大众的日常
生活。

# 大屏幕视频投影仪

视频投影仪能将图像投射到大屏幕上，是计算机、电视机或 DVD 播放器的理想投影设备。目前，有两种主流的视频投影方法。

第一种投影方法是德州仪器公司开发的。他们制造了一个集成电路芯片，其本身就可以是一个小投影仪。它的表面很小，却覆盖着 130 万个微反射镜，这些反射镜可以单独进行电子调节，将接收到的光线反射到屏幕上，从而重现计算机或 DVD 播放器的图像。这种投影方法基于纳米技术，表现出色，被称为数字微镜设备（Digital Micromirror Device，DMD）或数字光处理（Digital Light Processing，DLP）。它由拉里·霍恩贝克（Larry Hornbeck）于 1987 年开发，20 世纪 90 年代初投入使用。

另一种投影方法更为传统，使用的是液晶显示器（LCD），其历史可追溯到 20 世纪 90 年代初。根据型号不同，视频投影仪配备 1 个或 3 个液晶板。液晶板起的是颜色过滤器的作用。如果是 3 个液晶板，那么每个液晶板都处理一种基本颜色的光，即红光、绿光、蓝光。来自特殊的金属蒸气灯的光线穿过或反射到这些液晶显示器上，然后投射到屏幕上。

1972 年，索尼推出了历史上最早的彩色投影仪之一，使用了 3 个大型的高亮度阴极射线管。这就是索尼彩色视频投影系统，可以将图像投射到 40 英寸宽（约 1 米）的屏幕上，售价为 2000 美元。

**早期的投影仪艾多福**

早期的投影设备之一是艾多福系统（Eidophore），由瑞士教授弗里茨·菲舍尔（Fritz Fischer）于 1939 年开发，但它直到 1950 年才得以商业化。艾多福系统的工作原理很奇特，它通过在一个基底上沉积一层薄薄的油，并施加电荷到油滴上，利用电场将油滴固定。随后，强光投射到这个基底上，光线就能穿过基底，最终在屏幕上形成图像。

投影仪的镜头。

# 3D 电视

平价 3D 电视的技术还不成熟。市场上一些 3D 电视需要佩戴特殊眼镜来体验立体效果，比如彩色滤光片眼镜、偏振眼镜或主动快门式眼镜。也有不需要眼镜的自动立体电视，但价格昂贵。

立体技术是应用最广泛的方法。1928 年，约翰·洛吉·贝尔德发明了立体电视机。他开发了几种适用于阴极射线屏幕的机电电视系统。

所有主要电视制造商都在积极地研发 3D 电视：三菱和三星（使用德州仪器 20 世纪 90 年代以来为投影仪开发的 DLP 技术）、LG、东芝、索尼和松下，以及欧洲的飞利浦（试图开发不需眼镜辅助的 3D 自动立体电视）。全息投影技术也是 3D 显示的重要开发方向。

展示 3D 电视的可能性和前景的合成照片。

1990 年
投影仪

1991 年
万维网

1991 年
Linux 系统

# 万维网

万维网（Web）全称为"World Wide Web"。20 世纪 90 年代，互联网诞生几年后，英国人蒂姆·伯纳斯－李（Tim Berners-Lee）在日内瓦的欧洲核子研究中心发明了万维网。

蒂姆·伯纳斯－李构思了一个共享计算机文档的信息管理系统。1990 年 5 月，他采用了万维网（World Wide Web）一词来命名他的项目，首字母缩写 WWW，简写为 Web。

欧洲核子研究中心的一些其他成员也加入了该项目的开发。他们定义了万维网的三大核心组成：网址（Uniform Resource Locator，URL）、超文本传送协议（Hyper Text Transport Protocol，HTTP）和超文本标记语言（Hypertext Markup Language，HTML）。超文本一词由美国社会学家泰德·纳尔逊（Ted Nelson）于 1965 年提出，点击超文本的链接即可访问其他页面或网站。

1991 年，蒂姆·伯纳斯－李在 Usenet 论坛组发布的一篇文章中公开介绍了万维网项目。2017 年，在他创建的万维网诞生 28 周年之际，他发表公开信阐述了关于阻碍网络"发挥其作为全人类工具的真正潜力"3 个问题：虚假新闻、政治广告和个人数据的滥用。

数据中心的庞大服务器群，负责处理和存储互联网上流通的海量数据。

# 从 Unix 到 Linux 操作系统

Unix 是由肯尼思·汤普森（Kenneth Thompson）于 1969 年在贝尔实验室开发的操作系统。操作系统是控制计算机的主要程序，一定程度上可以说是它的"指挥官"。Unix 已经相继推出多个版本，如 Xenix、AIX、Solaris、HP-UX、Ultrix 和 Irix 等，广泛应用于服务器和大型计算机中。

1983 年，理查德·斯托尔曼（Richard Stallman）发起了 GNU 项目[①]。当时，他在麻省理工学院研究人工智能。他想创建一个像 Unix 一样强大的新操作系统，但要免费且开源。他定义了 GNU 通用公共许可证（GNU General Public License，GNU-GPL），在该协议中确立了自由进行复制、修改和分发软件的法律框架。

1991 年，年轻的芬兰学生林纳斯·托瓦兹（Linus Torvalds）在赫尔辛基大学学习，他认为 Unix 计算机服务器可用性太低，因此着手开发了一款基于 Unix 并兼容个人计算机的操作系统内核。在理查德·斯托尔曼的建议下，林纳斯·托瓦兹同意使用他编写的这个内核，并将许可证修改为免费版本。GNU 操作系统和林纳斯·托瓦兹编写的内核合并为 GNU/Linux，后来简化为 Linux，也就是 Linus 和 Unix 的缩写。

Linux 是一个开源的操作系统。许多希望摆脱微软 Windows 系统的专业或半专业用户转而采用 Linux 系统。Linux 通常与第三方应用程序一起使用，为用户提供了透明的操作体验。

**应用领域**

Linux 已在一些特定领域占据了上风。为了简化用户操作并提供更多选择，Linux 以多种发行版的形式供用户选择。"发行版"的意思是在开源的标准 Linux 的基础上，进行不同的完善和发布。常见的有 Red Hat（红帽，2018 年被 IBM 收购）、Debian、Mandriva、SuSe、Knoppix 和 Ub-untu 等。据说在 2018 年，世界上 500 台最强大的超级计算机都使用 Linux 操作系统。它还装载在路由器、服务器，甚至一些互联网盒和安卓系统中。

---

① 全称是 GNU's Not Unix。

Linux 的图标是企鹅。

1991 年
Linux 系统

1991 年
纳米技术

1993 年
电子书

# 引领新技术革命的纳米技术和纳米管

纳米管正在引领新的技术革命。它们是由一个或多个同心空心管组成的管状结构，其尺寸之小难以想象——内径仅为 1 纳米（百万分之一毫米），长度则为几微米。构造不同的纳米管导电性也不同，可以是绝缘体、半导体或导体，做为导体的导电性能比铜高 1000 倍。纳米管的刚性使其结实又轻薄，以至于 5 万个纳米管加起来仅相当于一根头发的直径，但其强度却比钢缆高 100 倍。

鉴于纳米管卓越的特性，人们设想了该材料的众多潜在应用：未来航天飞机的热涂层、医疗设备、硅晶体管的替代材料、微处理器、存储器、屏幕等。

日本电气公司的物理学家饭岛纯雄（Sumio Iijima）于 1991 年首先发现了纳米管。他以石墨为电极，在惰性气体环境中进行电弧放电，得到了纳米管。自此，纳米技术成为广泛研究的对象。1996 年，IBM 实验室生产了一个原子级别的纳米算盘，证明该公司具备操纵纳米级别物体的能力。随后，位于法国图卢兹市的法国国家科学研究中心和位于苏黎世的 IBM 中心携手打造了一个直径为 0.7 毫米的分子放大器，能够显著放大电压。

1998 年，纳米领域又迎来了分子转子的发明。这是一个能够围绕其自身轴线旋转的分子，为纳米发动机的发展奠定了基础。这项成果同样是图卢兹市的法国国家科学研究中心和苏黎世的 IBM 中心的共同研究成果。

**纳米管光源**

2003 年 4 月，IBM 的研究人员成功让碳纳米管发光，制造出了分子尺度的光源。这是在没有其他光源的情况下，首次在分子水平上实现光发射的电子控制。摩托罗拉公司自 2003 年以来一直致力于开发一种纳米发射管显示器（NED），这将比液晶、LED 或等离子显示器更具优势。

石墨烯的片状结构建模。石墨烯是碳的一种形式，是纳米技术中最有前景的材料之一。

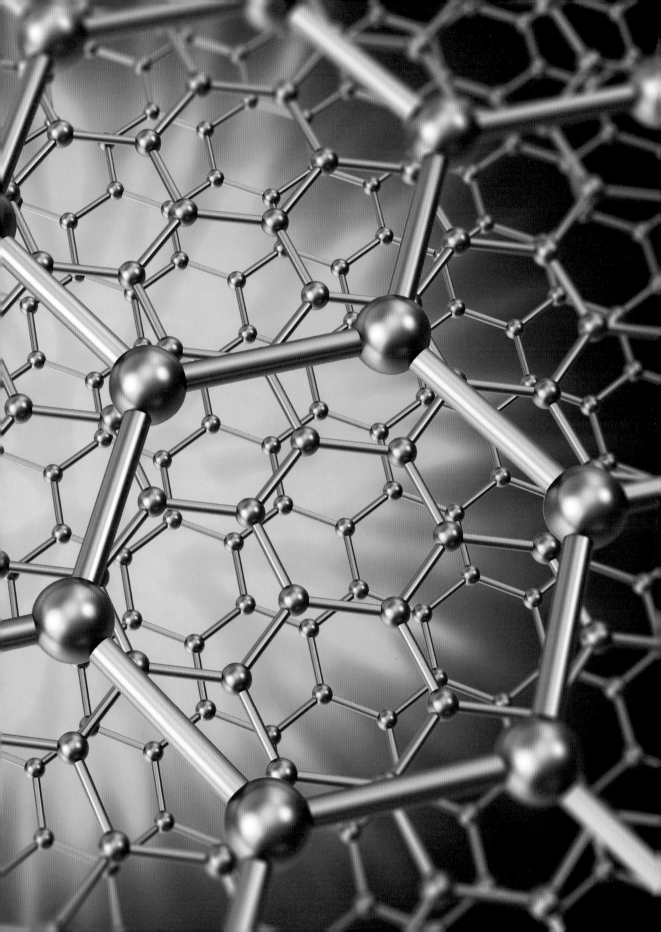

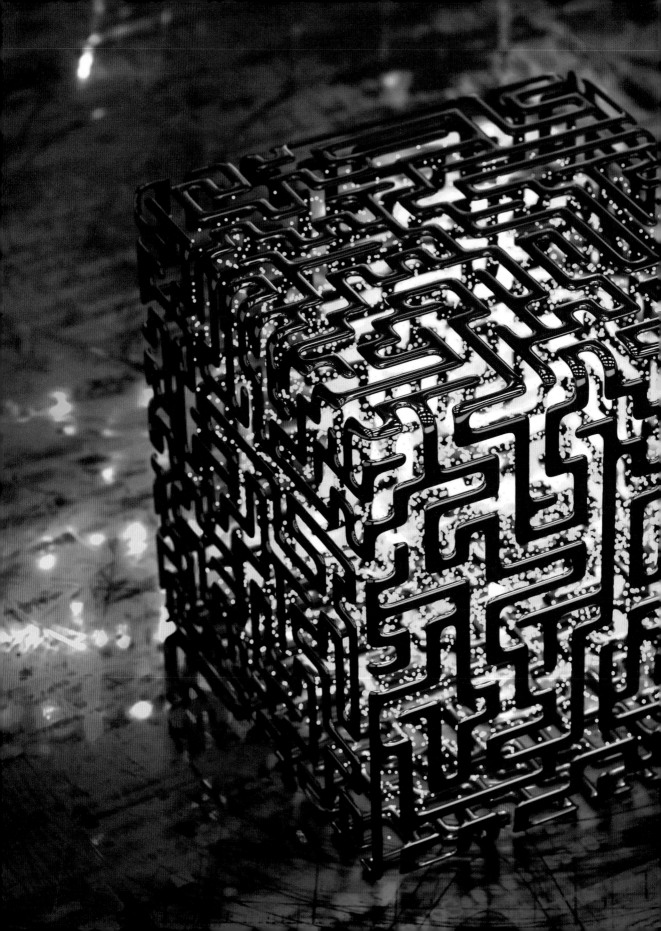

# 未来的晶体管

　　在光学晶体管中，光线控制装置控制光子的通过，从而完成指令或信息管理。

　　分子晶体管则不同，充当控制开关的是单一分子。目前全球都在进行分子晶体管的研究。

　　DNA 晶体管由一个 DNA 短基因序列组成，是能够在大量分子上同时进行计算。

　　纳米管或石墨烯晶体管也正处于研究阶段，IBM 对这些软材料表现出浓厚兴趣。

　　还有一个后起之秀——量子晶体管。量子计算使用量子比特，不仅可以取值为 0 或 1，还可以是 0 和 1 的叠加态。继 IBM 和谷歌之后，英特尔在 2018 年发布了一个含有 49 个量子比特的量子处理器。同年，谷歌的量子人工智能实验室展示了一台名为"狐尾松"（Bristlecone）的量子处理器，是全球首台 72 量子比特处理器，可以在解决一些问题时轻易地超过经典的超级计算机。

量子计算机的艺术构思。

1991 年
纳米技术

1993 年
电子书

1994 年
亚马逊

# 改变人们阅读习惯的电子书

把 1000 多本书放进口袋，而重量却只有 200 克——这只需要一台存储数字图书的电子阅读器就可以实现。电子书也被称为数字图书或 e-book，是一种以数字方式出版和发行的书，以文件形式提供给用户。因此，它可以被下载并存储在计算机、电子阅读器、平板电脑、盲文板、掌上电脑等设备上，以供阅读。

电子书的历史要从 1971 年讲起。研究员迈克尔·斯特恩·哈特（Michael Stern Hart）是古腾堡计划（Projet Gutenberg）的发起人，他计划将书籍数字化，并建设开放的在线图书馆。1971 年 7 月，他把《美国独立宣言》输入计算机，免费提供给阿帕网的用户。因此，这使他被公认为电子书之父。

1995 年，亚马逊诞生了，这是第一个提供电子书购买和下载服务的大型电子书商。2006 年，谷歌图书进一步丰富电子书功能，读者可以在线阅读图书、查阅元数据（出版日期、作者、出版商、已阅页面等）和在正文中进行检索。

第一个可以作为电子书阅读器的设备是苹果公司 1993 年推出的"牛顿"，但它的前瞻性过强，未能适应当时的市场状况。2000 年，市场上出现了很轻的电子阅读器，比 iPad 2（重量几乎为 500 克）轻得多。这些阅读器有亚马逊的 Kindle、索尼的 PRS-T1、法国 Fnac 公司的 Kobo（Kobo 来自书的英语"book"的字母重组）、法国 Cytale 公司的 Cybook 等。

**文件格式**

数字图书最常见的存储格式是 ePub（Electronic Publication 的缩写，意为"电子出版"）。它既有开放性又有标准性，其优点在于可以根据阅读设备的屏幕尺寸来调整文本布局，同时保留布局和格式选项。1993 年 Adobe 公司开发了 PDF（Portable Document Format，意为"可携带文件格式"）电子文件格式，并逐渐占有了一席之地，是很常用的文档格式。

如今，大多数电子阅读器采用全触摸屏，但有些型号仍然提供导航按钮。

**另请参阅**

▶ 触摸式平板电脑，第 240—241 页

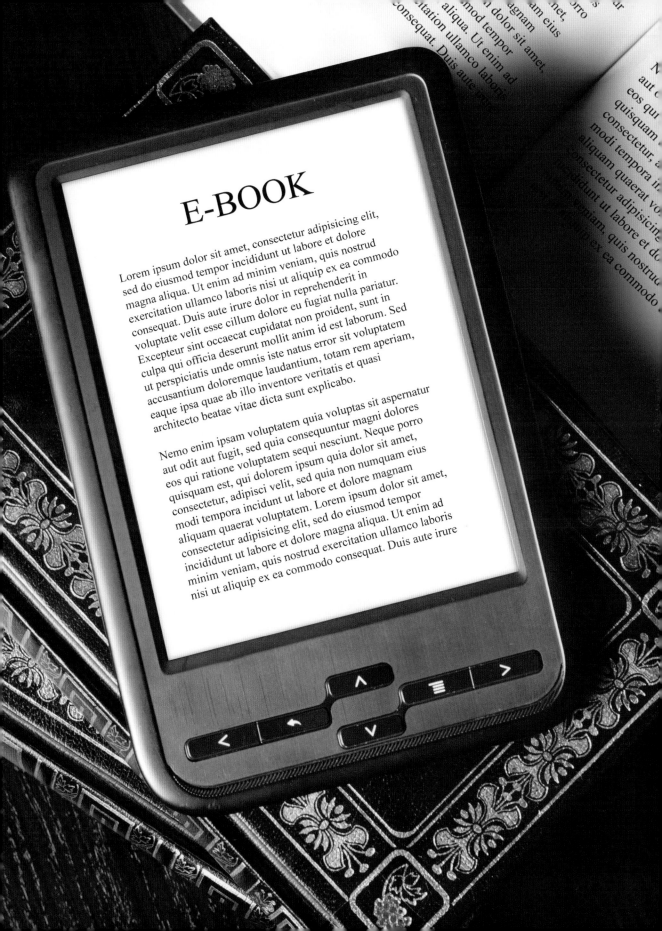

1993 年
电子书

1994 年
亚马逊

1995 年
eBay

# 亚马逊——电商之王

亚马逊是一家美国电商公司。它最初专注于图书销售，随后业务逐渐多样化，涵盖了非常广泛的产品，在全球范围内扩张其商业版图。亚马逊由杰夫·贝索斯于 1994 年创立，1997 年上市。法国子公司于 2000 年开业。

亚马逊的优势之一是送货速度快，而且许多产品免配送费。2013 年，杰夫·贝索斯甚至推出了无人机送货系统。2007 年，亚马逊推出了名为 Kindle 的电子书阅读器。2011 年，该公司建立了云服务，带来了巨额收入。2014 年，杰夫·贝索斯宣布，亚马逊公司将进军 3D 打印领域。2016 年，公司还对纺织品领域表现出一定的兴趣。2018 年，亚马逊在美国西雅图市开设了第一家无收银员超市。

2018 年，亚马逊的全球营业额接近 1800 亿美元，显示了其强劲的增长势头。2018 年夏天，该公司的市值超过了 1 万亿美元，与苹果公司比肩。2018 年，杰夫·贝索斯的个人财富估计约为 1600 亿美元，使他超过了比尔·盖茨成为世界首富。然而，这种领先地位能持续多久，仍是一个未知数。

微软和谷歌的母公司"字母表"（"Alphabet"）也在努力跻身千亿巨头的专属俱乐部。然而，这些巨型集团总是因税收优化和逃税行为备受批评，它们在经营国少缴甚至不缴税，优先选择避税地进行税务规划。

2018 年，亚马逊在西雅图开设了第一家名为 Amazon Go 的无收银员商店，通过面部识别从顾客的亚马逊账户中扣除费用。预计还将有几十家无收银员商店开业。在法国，家乐福与谷歌合作开发类似的免收银员技术，而餐饮集团索迪斯也加入了这一赛道。2020 年，亚马逊又推出一款智能购物推车 Dash Cart，配备有触摸屏，还可自动检测顾客放入的商品，适用于大型生鲜超市等。结账时顾客推着购物车通过一个特殊通道，即可实现数字支付。2024 年，亚马逊计划将此技术授权给其他零售商，以占据相关技术的"领先地位"。

另请参阅
▶ eBay——领先的拍卖网站，第 258—259 页
▶ Le Bon coin——法国人的信息网站，第 308—309 页

# eBay——领先的拍卖网站

eBay 是一个在线拍卖网站，在上面可以找到各种各样的商品，其丰富性令人惊讶：从图书到计算机，甚至还有飞机，你都可以在上面购买或出售。该网站于 1995 年由皮埃尔·奥米迪亚（Pierre Omidyar）创立，他是一位具有伊朗血统的法裔美国企业家。eBay 已经成了在线拍卖行业的标杆，并引发了真正的社会浪潮。

eBay 上总共有大约 100 万件在售产品，拥有数亿用户。拍卖的时限很短。任何在 eBay 网站上注册的人都可以参加任何国家的拍卖，并上架他们想出售的东西。

为了实现收益，eBay 在为用户提供服务的同时，对每笔交易收取佣金。卖方支付这笔佣金，买方则不必支付任何额外费用。据说，该网站的营业额在 2017 年接近 100 亿美元，有 1.7 亿活跃用户。

一些商家看到了商机，也迫不及待地尝试使用 eBay 发展业务。eBay 曾一度发展到 2500 万个店铺。他们除了使用拍卖模式外，也会以一口价的方式出售商品。所有商业活动受到当地法律的约束，这意味着销售的某些商品或服务性产品要受到严格监管，甚至会被禁止销售。

因此，为了买到一件商品，网站用户可以支付费用立即购买，或是协商加价竞拍。根据该网站的规则，成功拍到物品的竞标者必须完成交易。

**奇怪的物品**

eBay 上售出的第一件奇怪物品是一个有缺陷的激光笔，以 14 美元成交，因为买家就喜欢收集有问题的激光指示器……从那时起，许多不寻常的物品被放在拍卖网站上出售。2002 年，eBay 以 14 亿美元收购了在线支付公司 PayPal，但在 2018 年重新将其出售。

*成交，成交！*

1995 年
1995 年
1996 年

eBay
DVD 和蓝光
AMOLED 和 OLED 技术

# DVD 和蓝光——高容量光盘

多年来，人们一直寻找将视频刻录在光盘上的方法。早在 1970 年，蔼益吉 – 德律风根公司就推出了一个名为 Teldec 的视频光盘。它仅能处理单色图像，直径约为 20 厘米，且只能记录 5 分钟的视频。1972 年 9 月，飞利浦公布了第一张能够记录 30 ～ 45 分钟彩色视频的激光盘，相当于约 50,000 张图像。飞利浦将这一系统称为 VLP，意为"长视频播放系统（Video Long Play）"。

在美国，美乐华公司于 1978 年引入了飞利浦开发的 Magnavision，成为美国的第一个视频光盘系统。在法国，阿尔卡特公司和汤姆逊公司合作创建了 Gigadisc 公司，生产和销售数字视频光盘。该公司后来于 1986 年破产。1995 年，在电影制片人试图寻求 VHS 卡带的替代品时，DVD 诞生了，它起初被称为数字视频光盘（Digital Video Disc），后来演化成数字多功能光盘（Digital Versatile Disc）。DVD 的标准格式是由飞利浦、索尼、东芝和松下共同制定的。

DVD 的尺寸与 CD 的尺寸相同，直径都是 12 厘米。但是 DVD 的刻录更精细，容量增加到 4.7GB，足以录制一个小时以上的影片，还可以通过双层刻录进一步增加容量。双层 DVD（DVD DL）总容量可达 8.5GB。DVD 的轨道间距缩短到了 0.74 微米，而 CD 的是 1.6 微米。与 CD 一样，DVD 也有刻录版和空白版两种可供选择。

2003 年夏天，索尼进一步推出蓝光光盘，它能够在一张直径 12 厘米的光盘上存储 25GB 甚至 50GB 的数据，使录制高清晰度的电影成为可能。蓝光光盘的名字来自它所使用的激光束类型，其光谱颜色接近蓝紫色。第一批蓝光光盘从 2006 年开始销售。

**容量高达 100GB 甚至 200GB 的光盘**

3 层的超高清蓝光光盘存储容量可达 100GB，此外还有容量更大的 4 层光盘。索尼正在进行 200GB 光盘技术的研究。

琳琅满目的 DVD 和蓝光光盘。

**另请参阅**

▶ CD-ROM 的发明，第 232—233 页

1995 年
DVD 和蓝光

1996 年
AMOLED 和 OLED 技术

1997 年
Wi-Fi

# 比 LED 更先进的 AMOLED 和 OLED 技术

显示器领域的进展之快一直令人震惊。在液晶显示器（LCD）和发光二极管（LED）之后，有机发光二极管（OLED）成为市场新宠，它具有一些独特的性质。

有机发光二极管是一种能够产生光的二极管元件，其结构相对简单，采用了有机化合物层（有机化合物是一类包含碳元素的化合物）。这些二极管以阵列方式排布，是制造显示器的理想器件，与液晶显示器相比具有相当大的优势。它们能够独立发光，无需背光模块的支持。因此，显示器可以变得更轻薄。此外，柔性材料意味着屏幕可以设计得更灵活。

这项技术在有源矩阵有机发光二极管（AMOLED）中得到应用。它可以用来制造大尺寸、高分辨率、低能耗的显示器。显示屏的像素由薄膜晶体管单独驱动和供电。

早在 20 世纪 80 年代之前，人们就在考虑使用有机材料了。有机化合物蒽是其中之一，它可以在高电压下发光。1987 年，邓青云（Ching Tang）和史提芬·范斯莱克（Steve Van Slyke）在伊士曼柯达公司发明了第一台 OLED 设备。1996 年，东京电化学工业公司展示了第一个 AMOLED。次年，先锋公司推出了第一个 OLED 显示屏。

21 世纪初，柯达和三洋制造了第一个用于数码相机的 OLED 显示屏，以及一个尺寸约 36 厘米的显示屏原型。2008 年，索尼展示了其第一台 OLED 电视。2012 年，三星和 LG 也开始销售 OLED 电视。

韩国 LG 公司于 2018 年在柏林展出了一条令人印象深刻的 OLED 带状屏幕。随后，在 2019 年拉斯维加斯举行的消费电子展上，LG 公司继续展示了一款 1.65 米对角线的卷轴式 OLED 屏幕。

**另请参阅**
▶ 发光二极管（LED），第 126—127 页
▶ 薄膜晶体管（TFT），第 180—181 页

# Wi-Fi

　　在公司或私人住宅中，我们经常需要在距离较远的设备间传输数据，比如计算机、互联网盒或路由器、联网设备、打印机、照相机等。如果不想使用复杂和昂贵的电线，有什么办法连接它们呢？这个问题已经得到了有效解决方案：Wi-Fi，一种使用无线电波的无线链路。

　　来自荷兰代尔夫特大学的维克多·海斯（Victor Hayes）被公认为是 Wi-Fi 之父。1990 年，他成为 IEEE 802.11 无线局域网通用标准工作组的领导人之一。1997 年，该小组完成了 Wi-Fi 的 IEEE 802 标准定义。

　　1999 年，苹果公司的 iBooks 成为首款提供内置 Wi-Fi 功能的计算机，内置的 Wi-Fi 设备命名为 AirPort。随后，整个系列的电脑都配备了 Wi-Fi。Wi-Fi 功能被整个计算机行业采纳，但首先配备该功能的都是笔记本电脑。

　　为了得到更高的传输速度，1999 年，制造商们联合成立了 Wi-Fi 联盟，并根据 IEEE 802.11b 标准制定了规范。如果发射器和接收器之间没有障碍物（钢筋混凝土墙），Wi-Fi 的范围在室内可以达到几十米。

　　要通过 Wi-Fi 连接互联网网络，必须通过接入点中转信号，也就是 Wi-Fi 终端，一般是家里的一个互联网盒。接入点也被称为热点。接入成功后，终端收到的信息将通过有线连接传输到互联网。公共或私人场所经常提供收费或免费的特定接入点，例如，酒店、火车站、机场、公共花园、咖啡馆和餐馆等。

**Wi-Fi 的语言学翻译**

Wi-Fi 是 Wireless Fidelity 的缩略语，也可拼写成 wifi。它是通过与 Hi-Fi（高保真）的表述相类比而诞生的。

法国首都巴黎的一些 Wi-Fi 接入点。

# 从锂离子电池到锂聚合物电池

最早的电池是意大利物理学家亚历山德罗·伏特（Alessandro Volta）于 1800 年发明的。他把 40 多个铜片和锌片交替堆叠起来，它们之间隔以盐水浸湿的麻布片。电池 "pile" 一词的原意就是堆叠。他发现这样制成的堆叠物能够提供电力。

1881 年，第一届国际电力大会在巴黎举行，会议决定将电压单位定为伏特（Volta），以纪念伏特的贡献。

随后，可充电电池被发明出来。1859 年，加斯东·普朗泰（Gaston Planté）发明了铅酸电池，此后多种类型的电池也陆续问世。1991 年，索尼能源技术公司首次推出了锂离子电池。

1997 年，索尼和旭化成（Asahi Kasei）公司一起开发了锂聚合物电池。这种聚合物是一种凝胶化的非液态化合物。锂聚合物电池可以制成各种形状封装在柔性外壳中，能量密度高于锂离子电池。与此同时，其他形式的电池也在不断开发中，以色列 Phinergy 公司的铝空气电池可保证续航 3000 千米，诺基亚贝尔实验室也发布了其研发的基于碳纳米管复合材料的创新型电池技术。

回收的废旧锂电池。

# 博　客

　　博客（blog）是网络日志（Web log）的简称。它的功能非常简单，用户可以在线发表日记或专栏，读者可以在阅读后留言。不管是谁，都可以快速创建一个自己的博客。

　　美国软件开发员兼作家戴夫·温纳（Dave Winer）推出了最早的博客之一，他在 1994 年创建了 DaveNet，一个在线个人网站。1997 年，他创建了编撰新闻（Scripting News）博客网站，直到 2018 年年初仍在运营。第一批博主基本上是美国人，他们像写个人日记一样独立写文章。然后，记者也开始用博客写自己的文章。从 2000 年起，一些博客开始提供教程或技术指南，经常采用简洁的新闻形式。它们不仅是讨论组的基础，也是广告的基础，无论是否被承认为广告媒体。政治家们也看中了博客的传播性，广泛利用它们来展示政治概念。和纸质媒体一样，许多协会也创建自己的博客，方便与他们的成员或读者交流。

　　据估计，截至目前，世界上有超过 2 亿个博客，涵盖了个人、企业、教育、文化、新闻、军事、文学等多个领域，而且不断有新的博客诞生。在法国，许多青少年拥有博客，但他们可能会不小心把隐私信息发到网上。

　　许多网站和服务都支持用户快速创建一个博客，这些服务由托管网址保护，通常是免费的，比如 Wordpress、Wix 和 Blogger 等。

**博客和网站的区别**
博客本质上也是一个网站，有自己的网址。两者的区别在于使用方式。运营网站必须具备编程语言的知识，更适合于专业性活动。而博客更容易创建和管理，更适合于个人使用。

开设烹饪课程的博主。

268

# 短距离连接设备的蓝牙

Wi-Fi 取得巨大成功，但人们又设计了另一种超短距离的连接方法，即蓝牙（Bluetooth），其字面意思就是"蓝色的牙"。这个名字来自维京国王哈拉尔蓝牙王（Harald Blatand）的绰号。他出生于丹麦，成功统一了丹麦和挪威。

蓝牙技术标准由爱立信公司设计，1998 年由爱立信、诺基亚、英特尔、IBM 和东芝 5 家公司组成的产业联盟开发，目的是通过无线电传输，在移动设备之间进行超短距离的无线连接。

蓝牙设备包括移动电话、个人助理设备、计算机、外围设备、音频扬声器、耳机、听筒等，蓝牙也被用在汽车和"智能建筑"中。这种无线电系统的工作频率范围为 2400 兆赫至 2483 兆赫，可覆盖范围约 10 米。它和 Wi-Fi 不是竞争关系，因为 Wi-Fi 针对的是更远的覆盖距离。

蓝牙的使用非常方便，因为它不需要复杂的连接过程，两个设备只需要在彼此 10 米范围内就可以进行通信。蓝牙现在发展到了第五代，覆盖范围更长。第五代蓝牙从 2018 年开始在智能手机中使用。

**NFC**

另一项作为补充的连接技术是近场通信（Near Field Communication，NFC），它在几厘米的距离内以较低的数据传输速率运行，越来越多的手机支持 NFC 功能。它是非接触式的，可以进行非接触式支付等操作。NFC 的工作频率为 13.56MHz。

维京人在诺曼底等地进行殖民统治。他们驾驶长船航行世界，据说他们早在克里斯托弗·哥伦布（Christophe Colomb）之前就已经发现了美洲。

# U 盘

　　1988 年，多夫 · 莫兰（Dov Moran）是一位毕业于以色列海法理工学院的年轻工程师，计划做一场演讲。有一次他的计算机临时崩溃了，所有的数据都丢失了！为了避免这种意外再次发生，他发明了可以稳固地保存数据的 U 盘（USB key）。他创建了自己的公司 M-Systems，并在 1995 年生产了 8MB 的 U 盘，称为随身碟（DiskOnKey），售价 50 美元。2006 年，莫兰将 M-Systems 公司以约 14.8 亿美元的价格出售给美国的闪迪公司。但是真正获得 U 盘基础性发明专利的却是中国朗科公司。1998 年，朗科公司创始人成晓华和邓国顺完成了 USB 闪存的设计工作。

　　U 盘的诞生得益于闪存的发展。它可以插入一个 USB 插口，USB 是通用串行总线的意思，数据以串行模式传输。

　　闪迪公司由艾利 · 哈拉里（Eli Harari）、桑杰 · 梅赫罗特拉（Sanjay Mehrotra）和杰克 · 袁（Jack Yuan）于 1988 年创立。该公司首先开发了一种可擦写电子只读存储器（EEPROM），它基于使用带有浮动（未连接）控制电极的 MOS 晶体管。这种只读存储器使用起来很方便，既坚固又可靠，成为闪存的结构单元。

　　2014 年，时任美国总统巴拉克 · 奥巴马（Barak Obama）授予艾利 · 哈拉里美国国家技术和创新奖章，以表彰他对开发闪存的贡献。

　　此后，闪迪公司专注于 USB 闪存驱动器、多种闪存、固态硬盘（Solid State Devices，SSD）和其他相关产品的开发。2015 年，美国硬盘制造商西部数据以约 172 亿美元的价格收购了闪迪。

**存储卡**

除了 U 盘，闪存还包括用于数码相机和其他需要存储的设备的小型存储卡。这些存储卡的格式很多，有 SD 卡、micro SD 卡、TF 卡、SM 卡、记忆棒（MS 卡）、MMC 卡、CF 卡等。

丢失或捡到 U 盘是很常见的事情。但是在捡到 U 盘时要当心，它们可能感染了病毒。

**另请参阅**

▶ 多种类型的闪存，第 228—229 页

# 谷歌帝国

　　1995 年，就读于加州斯坦福大学的两名学生，23 岁的谢尔盖·布林（Sergueï Brin）和 24 岁的拉里·佩奇（Larry Page）开始研究开发一个新的搜索引擎。他们设计了一个搜索系统，比当时所有的产品效果都更好。当时流行的搜索引擎，比如最著名的 AltaVista，会随着条件的增加而使搜索结果成倍增加，而布林和佩奇做的恰恰相反：随着条件的增加，每次搜索都会更加精确。

　　这两个年轻人在 1998 年创建了谷歌，并免费发布了谷歌搜索引擎。他们得到了埃里克·施密特（Eric Schmidt）的指导和支持。施密特是一个经验丰富的高管，2001 年，他被聘为谷歌的首席执行官。

　　从 2004 年起，谷歌开始提供谷歌邮箱（Gmail）电子邮件服务，然后通过收购 Picasa 公司提供图片查看服务。谷歌还推出了谷歌地图和谷歌地球，提供体验良好的全球地图服务。随后，还陆续发布了谷歌文档、谷歌云、谷歌金融、谷歌图书（阅读和下载已公开发表的文学作品）。2006 年，谷歌收购了视频托管网站 YouTube。2007 年，谷歌推出了适用于智能手机的安卓操作系统，成为市场的领导者。2008 年，谷歌 Chrome 浏览器发布，随后 Chromium OS 于 2009 年问世，这是一个基于 Linux 的开源操作系统。

　　2010 年，谷歌正式推出自己的智能手机，由中国台湾宏达国际电子公司生产。2013 年，谷歌公司投资机器人领域，并于 2014 年推出了自动驾驶电动汽车谷歌汽车（Google Car）。2015 年，字母表公司成立，吸纳了谷歌创建的众多公司，成为谷歌的母公司。谷歌早已发展成一个庞大的帝国，是五大电子巨头 GAFAM [谷歌（Google）、苹果（Apple）、脸书（Facebook）、亚马逊（Amazon）、微软（Microsoft）的首字母缩写组合] 的一员。

**自动驾驶汽车**
2018 年，谷歌的母公司"字母表"创建了 Waymo 公司。同年 12 月，这家公司在亚利桑那州的钱德勒市推出了 100 多辆实验性的自动驾驶出租车，即克莱斯勒 Pacifica 混合动力汽车。

测绘道路信息的谷歌地图汽车。

# 非对称数字用户线路
# 加速连接互联网

为了加快计算机和互联网之间的数据传递，研究人员设计了一种数字传输方法，即非对称数字用户线路。

这种连接不再需要传统的调制解调器，但仍需要一个小型终端。对于不熟悉它的用户来说，互联网盒看起来就像一个调制解调器，因此它也被称为 ADSL 调制解调器。ADSL 于 1999 年由法国电信在本国推出。

研究人员观察发现，语音电话通信只需要大约 4000 赫兹的语音带宽。而连接电话交换机和用户的电缆带宽却高达 100 万赫兹。因此，带宽在很大程度上没有被充分利用。ADSL 使用的就是这一闲置带宽，无须对现有的电缆进行任何改动。

ADSL 技术将 1 兆赫的带宽分为几个通道。第一个通道用于电话通信；第二个通道带宽相当窄，起到分流器的作用；第三个通道是传输数据的通道，即上行通道，从计算机传输到交换机；第四个通道是接收数据的通道，也称下行通道，将数据从交换机发送回计算机。

经过改良后的超高速率数字用户线 1 和 2（VDSL1 和 VDSL2）在 2000 年问世，仍然通过电话线传输信息，最大速度可以达到约 100 兆比特 / 秒。然而，要达到这个速度，用户必须靠近电话基站。除了 ADSL，还有另外两种连接方法，分别是速度较慢的电缆连接和速度较快的光纤连接。

展示互联网连接的艺术构思。

**另请参阅**
▶ 调制解调器，
第 220—221 页
▶ 互联网服务提供商
和他们的价格战，
第 224—225 页

1999 年
非对称数字用户线路

1999 年
智能手机

2000 年
固态硬盘（SSD）

# 智能手机

2017 年，全球智能手机销售量约为 15 亿部，韩国的三星、美国的苹果和中国的华为处于领先地位。每一秒，世界各地就有大约 50 部智能手机被售出。2018 年，一部顶级智能手机的价格可能超过 2100 美元。

第一部智能手机是摩托罗拉于 1999 年推出的天拓 A6188。随后，LG、三星、黑莓、诺基亚、宏达电等公司陆续投入智能手机的研发工作。2007 年，苹果公司发布了其第一款带有多点触摸界面的 iPhone。它在一个内部操作系统上运行，大受消费者欢迎。苹果公司的商业成功促使所有制造商竞相模仿，广泛生产触摸屏智能手机。2008 年，在苹果公司推出 iPhone 3G 的同时，竞争对手也发布了他们的机型。黑莓制造商 RIM 推出黑莓风暴、宏达电推出 G1、索爱推出 Xperia X1。2009 年，三星凭借 Galaxy i7500 加入战场，这款手机采用了安卓操作系统。而宏达电则推出了 HD2，这是第一款搭载 Windows Mobile 系统的多点触控设备。随着这些首批入门级机型的推出，越来越多的产品不断上市。

手机的操作系统市场被安卓（约占市场的 75%）和苹果（约占 20%）瓜分，前者由谷歌创建并免费公开。微软也曾推出自己的 Windows Phone 系统，但以失败告终。

使用老式的拨号电话网络的日子已经一去不复返。从 2023 年起，法国运营商 Orange（原法国电信）将逐步分区域削减拨号电话网络业务。因此，所有的固定电话用户将逐渐不得不转用互联网，这将使智能手机具有更大的优势。

**电池**

电池的寿命并不长。它只能持续使用 3 年，之后必须进行更换。如果电池是可拆卸的，换电池将很容易，价格也不高。但如果电池是由制造商固定在设备上的，更换的过程就会很复杂，也会很昂贵。不论制造设备时采取的是哪种方法，通常都是为了降低成本。但有时，固定电池在手机上也是一种加速设备淘汰的方式——通过提高更换电池的难度，可促使消费者选择直接更换新的智能手机。

**另请参阅**

▶ 触摸式平板电脑，
第 240—241 页

观众用智能手机录制一场
音乐会。

# 对石油销售构成威胁的燃料电池

　　氢动力汽车或客车听起来似乎有点天方夜谭。然而，燃料电池有可能实现这一设想。它通过消耗氢气来发电和提供动力，再把燃烧的产物——水排放出去。1838 年，德国人克里斯蒂安·舍恩贝恩（Christian Schön-bein）发现了燃料电池效应；1839 年，他在《哲学杂志》上发表文章，阐述了燃料电池的原理。很快，威廉·R. 格罗夫（William R. Grove）在实验室制造了第一个模型燃料电池。弗朗西斯·T. 培根（Francis T. Bacon）于 1932 年再次进行这项研究，并于 1953 年和 1959 年重新制作了燃料电池。它们之后为阿波罗太空任务使用的燃料电池提供了模型。

　　20 世纪 70 年代和 80 年代，在巴黎附近的马库锡，通用电气在其研究中心积极研究燃料电池，申请了许多专利。这些专利通常是抢手货，一公布就被石油巨头收购一空，以防对石油销售产生不利影响。第一辆氢动力汽车于 2015 年开始运行，到 2018 年，巴黎约有 100 辆 STEP 出租车。这些车辆只需几分钟补充燃料，随后即可行驶 500 ～ 800 千米。

阿波罗登月舱。舱载设备由燃料电池供电。

281

# 小　结

发明微型计算机的 R2E 公司可以说取得了全球性的成功，却也经历了巨大的产业失败。R2E 公司尽管起步之路颇费周折，但在安德烈·特鲁昂领导下，还是推出了 Micral 微型计算机，逐渐打开销路并且走上正轨，从而能够与 IBM 和布尔公司的小型计算机同台竞争。订单纷至沓来，但生产所需的成本高昂，R2E 公司不得不求助信贷。该公司尽管咨询了法国所有主要银行，却没有一家给予资助，因为他们不理解新兴的微型计算机行业是什么，也瞧不上 R2E 这个小公司。公司转而向政府寻求帮助，但政府同样表示难以理解这一新兴行业。安德烈·特鲁昂不得不把 R2E 公司出售给布尔集团，而布尔集团则急不可耐地想消除这个潜在的竞争对手。等布尔集团终于意识到微型计算机的重要性时，却为时已晚。

令人遗憾的是，法国这个政治和经济大国本来有机会建立一个庞大的微型信息产业，即使将来把生产线转移到国外也有利可图，但法国却错失了机会。

20 世纪，电子和计算机科学方面都取得了惊人的成就。互联网的出现、电信业的发展，还有智能手机的普及，都深刻地改变了我们的生活方式、日常习惯和用户需求。

计算机已经成了家庭常见的娱乐工具。

21世纪初，一系列技术进步成为时代的标志，包括互联网的蓬勃发展，智能手机的广泛普及，纳米技术、自动化和机器人技术的飞速进步，以及人工智能的广阔前景。技术进步带来了许多期待，但也带来了许多困惑和焦虑。机器人，无论是高度仿真的还是其他类型的，正在把科幻小说的情节带入日常生活。自动驾驶汽车逐步投入实际道路使用，尽管在早期遭遇了一些事故和挑战，但这种技术有望提供更大的安全出行保障。

新的互联网巨头借助技术进步迅速扩张版图。全球范围内，谷歌、苹果公司、Facebook和亚马逊是最著名的互联网巨头。此外，微软也是其中的重要一员。比尔·盖茨和其他许多人就是通过微型计算机发家致富的。但微型计算机的发明者弗朗索瓦·热尔内尔和安德烈·特鲁昂却错失良机，默默无名。

2000—2024 年

# 机器人和人工智能

1999 年
智能手机

2000 年
固态硬盘（SSD）

2001 年
无人机

# 固态硬盘（SSD）取代机械硬盘

从概率统计的角度来看，硬盘是计算机最常出现故障的部件。这是因为它是一种高度机械化的部件，并且在使用过程中受到相当大的应力。因此，人们设想用一个更坚固、更快、更安静的纯电子部件取代它。1990 年，闪存提供了一种解决方案，其大规模生产降低了成本，使人们可以用相对低廉的价格购买到高容量存储的模块部件。2000 年诞生的固态硬盘则提供了另一种有效的解决方案。

固态硬盘主要由集成电路和闪存（如 U 盘）组成，由智能控制单元管理。机械硬盘（HDD）和固态硬盘之间的差距很明显：机械硬盘访问数据约耗时 10 毫秒，而 SSD 只需 0.1 毫秒。机械硬盘或多或少会在使用中发出噪声，固态硬盘却是完全静音的。在耗电量方面，机械硬盘比固态硬盘更高。

此外，机械硬盘不耐摔和冲击，而固态硬盘更结实。不同规格的固态硬盘支持写入或擦除的次数从 1000 到 100000 次不等。为了延长它们的寿命，或者是延长计算机的寿命，固态硬盘中内置的智能控制器将存储区域划为不同的单元，依次分别写入数据。固态硬盘的读取次数是无限的。制造商通常提供 1 ～ 10 年的保修期。

无外壳的固态硬盘。

**另请参阅**
▶ 多种类型的闪存，第 228—229 页

2000 年
固态硬盘（SSD）

2001 年
无人机

2001 年
维基百科

# 无人机——从战场到日常生活的广泛应用

无人机一词源自英语的"drone"，指"雄蜂"，因为无人机螺旋桨发出的声音像雄蜂嗡嗡的声音。无人机指的是一种无人驾驶的遥控飞机，最初主要由军方使用，后来大范围普及到民用领域。无人机可以很轻，重量只有几克；也可以很重，重量达到几吨。无人机可以装载武器，自主飞行几十小时。

无人机的发展始于第二次世界大战期间，但直到朝鲜战争和越南战争期间才得到显著的发展和应用。无人机最初由美国秘密设计，后来才被公开披露。以色列很快推出了一系列短程和中程战术无人机，其中一种型号被法国收购。在 21 世纪的第一个 10 年里，所有的冲突、战争和维和行动都出现了无人机的身影，它们出现在科索沃、乍得、巴基斯坦的战场，还参与了打击海盗。2001 年的阿富汗战争中，美国首次在 RQ-1 中空长航时无人侦察机上加装小型空地导弹，开创了无人机执行攻击任务的先河。法国军队于 2008 年开始使用无人机。

2014 年 6 月，在阿拉斯加州一架商用无人机的起飞，标志着美国的无人机商业化使用自此正式拉开序幕。此后，无人机的应用以惊人的速度快速扩展，在检查高压线路、监控铁路轨道、监控森林和农田、交付关键产品、使用红外成像寻找人员、建立无线电中继、地形测量等方面都得到广泛应用。

荷兰的埃因霍温理工大学甚至开发了一种无人机"服务员"，它能够将咖啡馆的饮料送到露台。同时，亚马逊也计划使用无人机配送货物。

法国也拥有一家大型无人机制造公司帕罗，由让－皮埃尔·塔尔瓦（Jean-Pierre Talvard）和亨利·塞杜（Henri Seydoux）于 1994 年创建。

**无人机玩具**

随着无人机的普及，无人机玩具也走入人们的视野。你甚至不需要花费 100 美元左右，就能将无人机玩具收入囊中。不过，不要期待一个玩具无人机能有多么精彩的表现。此外，使用无人机必须遵守现行法规和相关规定。自 2018 年 7 月起，法国规定重量超过 800 克的无人机必须进行报备。它们必须配备声光信号装置，以便在飞行中被清楚地识别。

飞行中的无人机。

# 维基百科——电子百科全书

维基百科（wikipedia）是互联网的一项重要产物。它是一本通用的多语言电子百科全书，由美国人吉米·威尔士（Jimmy Wales）和拉里·桑格（Larry Sanger）于 2001 年开发。"wikipedia"一词由"wiki"和"pedia"组成，"wiki"源自夏威夷形容词"wikiwiki"，意为"快速"；pedia 在希腊语中意思则是"学习"。

维基百科的法语版于 2001 年上线。这是维基百科第一个非英语版本。2018 年，该网站提供了约 300 种语言版本，虽然显示界面相同，但编辑和管理文章的内容、结构和方式各有差异。

维基百科是免费的，将自己定位为一个持客观立场并广泛覆盖各类知识的百科全书。接入维基百科网站是不受限制的，也就是说，任何人都可以通过访问网站阅读和编辑几乎所有已发布的文章。没有永恒不变的文章，所有的内容可以不断改进。这样的后果是，由于缺乏监管，这些内容可能会受到操纵、误解和批评，有的甚至包含虚假信息。维基百科的内容根据开放式许可来作为许可协议，无须付费。这意味着任何人都能自由引用维基百科上的知识，只要标注该知识来源于维基百科即可。这种自由内容的概念源于自由软件基金会（Free Software Foundation）在维基百科之前提出的自由软件概念。

截至 2017 年年底，维基百科是世界上访问量排名第五的网站，也是互联网上规模最大、最受欢迎的通用参考书。2018 年夏天，法语维基百科的文章达到 200 万篇。

爱尔兰都柏林圣三一学院的图书馆，一座知识的殿堂。

# 暗网——互联网阴影下的隐秘世界

互联网的表面之下隐藏着另一面，根据情境，这一隐藏的部分被称为深网、黑网、暗网，其中暗网是深网的一部分。

谷歌或必应等搜索引擎无法接入暗网网站。访问暗网，必须下载并安装一个特定的平台和加密地址。其中最著名的是 2002 年设计的洋葱网络（Tor），所有以".onion"结尾的网站都托管在它的暗网服务中。

洋葱网络的早期用户主要是政治反对派。暗网随后吸引了那些痴迷于窥探网络隐私和匿名性的用户，然后又成为网络黑客和黑帮，以及其他违法者的大本营。许多网站提供非法服务，如购买身份证、护照、证书、文凭，还有毒品和武器交易。此外，一些网站还涉及儿童色情内容，或是支持恐怖主义，雇用杀手等。

黑手（Black Hand）是法国最大的非法暗网平台之一，在 2018年 6 月被法国海关破获。该平台涉及武器、毒品和身份证等的非法交易，由一名 28 岁的年轻妇女运营。她是一位两个孩子的母亲，无业，无犯罪记录，化名为阿努什卡。

**加密**

洋葱服务器上的一切都是加密的。用户的连接请求是通过平台服务器实现的，平台服务器连接到第二台计算机，第二台计算机连接到第三台计算机，以此类推，最终到达目标站点。由于每个节点只能接收上个节点的信息，用户只能对最后一个连接有知情权。这样，毒贩和其他犯罪分子甚至可以躲过美国联邦调查局（FBI）的监控。还有一些人利用洋葱服务器上网冲浪，以规避国家安全审查。然而，这一切都只是理论层面，因为现实中总会有相应的对策。

暗网是匿名上网的首选
场所。

# 隐写术——数据隐匿的艺术

有许多通过互联网秘密传输信息的方法，其中之一是隐写术。它是一种非常高效的信息隐藏方法。隐写术中最典型的应用就是把要传达的信息隐藏在另一个看似无害的信息中。例如，在一张毫不显眼的图像中插入一条隐匿信息。

隐写术一词来源于古希腊语"steganos"（不漏水）和"graphein"（写作），其历史可以追溯到公元前 484 年。根据希罗多德（Hérodote）的记载，当在波斯避难的前斯巴达国王得知薛西斯一世（Xerxès Ier）入侵希腊的计划时，决定想办法把消息秘密传回斯巴达。他采用"双层蜡板"的方法，先把蜡板里的蜡全部刮掉，露出木头做的框架底板，然后在底板上写上薛西斯的计划，最后再用第二层蜡覆盖底层的信息。如此一来，携带空白石板的人就不会惹祸上身。

与一条简单的文本相比，图像包含的信息更丰富。最简单的一种图像隐写术，就是通过修改颜色的二进制编码来不知不觉地修改颜色。更准确地说，通过修改颜色编码中的每个最低有效位，直到秘密信息完全被编码。

另一种图像隐写术是通过改变图像的压缩格式来隐藏信息的。要进行这些更改，需要用到一个特殊的计算机程序，在传输前进行自动编码加密，在接收后就可以以同样的方式解码。自 2000 年以来，编码解码程序不断涌现，他们或免费、或付费，总而言之极易获取。加密后的图像可以作为电子邮件的附件发送，也可以通过图像网站进行发送。为了增加加密的复杂性，未来也可以把需要传递的信息隐藏在视频或音乐中。有谁会知道一段平平无奇的视频或音乐中其实暗藏玄机呢？

**隐形墨水**

早在公元 1 世纪，老普林尼（Pline l'Ancien）就提到了一种隐写术。加密者先用普通墨水书写普通的可见文本，然后再用浅色的柠檬汁、牛奶或某些化学品在其间书写秘密信息，这样一来肉眼就只能看到深色的普通文本了。要想阅读隐藏信息，只需简单地用火焰加热，或在化学试剂中浸泡一下即可。

这是作为度假纪念品寄出的西班牙巴塞罗那圣母院的照片，其中是否隐藏着秘密信息？

# 能使设备陷入瘫痪的电磁炸弹

电磁炸弹或称电子炸弹，是一种大规模武器，目的是摧毁其打击范围内的所有敌方电子和电力网络设备，使其瘫痪，包括计算机、电话网络、电气网络、互联网、无线电和电视、雷达等。

在爆炸过程中，电磁炸弹会产生一场持续 10 到 100 微秒量级的极强电磁风暴。受波及的电气和电子设备中产生高强度感应电流，足以使其被摧毁或者陷入瘫痪。

1962 年，美国人首次观察到这种电磁脉冲效应。一颗核弹被引爆后，产生的伽马辐射摧毁了美国的卫星设备，使其通信陷入中断。然而，这种现象其实并不陌生，因为早在 1952 年，苏联原子物理学家安德烈·萨哈罗夫（Andreï Sakharov）就已经研究出了能够产生数亿安培电流的发电装置。

电磁炸弹爆炸的场景。

297

2003 年
隐写术

2004 年
社交网络

2004 年
Facebook

# 社交网络现象

社交网络引发了一场真正的社会现象。根据定义，社交网络是一类互联网网站，用户在网站上创建一个带有个人资料的个人页面。之后，就可以和社区的陌生网友交流，也可以只和他们的朋友或熟人交流。用户之间可以沟通、交流意见、发送照片或视频。他们既可以探讨生活，也可以交流工作。

因此，社交网络用户可以建立一个自己的关系圈，从而促进个人间、群体间或组织间的社会互动。

近年来，社交网络的用户数量在全球范围内呈爆炸式增长。智能手机在其中发挥了重要作用。在全世界约 75 亿人中，有一半使用互联网，超过 30 亿人活跃在社交网络上。根据 2018 年年初的数据，最受欢迎的网络是诞生于 2004 年的 Facebook，它在全球拥有超过 20 亿用户。根据统计，它在法国有 3000 多万用户，几乎每两个居民就有一个。紧随其后的是 YouTube，拥有 15 亿用户，法国的数量为 3000 万。WhatsApp 同样也有 15 亿用户。

在法国，每人每天花在社交网络上的平均时间约为 1 小时 20 分钟。随着社交网络的爆火，形形色色的广告媒体也蜂拥而至。但要注意的是，社交网络具有两面性。它在表现天使一面的同时，也露出了魔鬼的一面，因为每个人都可以匿名状态自由发表言论。因此，社交网络已经不幸沦为操纵公众舆论、散播暴力与仇恨的工具。

**另请参阅**

▶ Facebook，第 300—301 页
▶ YouTube，第 304—305 页
▶ Twitter 和微博客，第 306—307 页

雅克－路易·大卫（Jacques-Louis David）的《网球场宣言》（*Serment du jeu de paume*，1791），描绘了社会团体代表聚集起草宪法的场景。凡尔赛法国历史博物馆藏。

2004 年
社交网络

2004 年
Facebook

2005 年
人工智能

# Facebook——领先的社交网络

Facebook 拥有 20 亿用户，与谷歌和 YouTube 一起并列成为访问量最大的社交网站。在 Facebook 上，用户可以发布图片、视频和文件，交换信息，加入和创建小组，并使用各种各样的应用程序。

Facebook 诞生于 2004 年，由马克·扎克伯格（Marc Zuckerberg）在美国哈佛大学创建。最初的用户只有哈佛大学的学生，用它来发布照片，后来向其他美国大学开放，最终在 2006 年开始对所有人开放。

2012 年，Facebook 推出了科技股历史上最大的首次公开募股，这次公开募股无论从募集资金还是从市值来看都首屈一指。Facebook 收购了数十家公司和网站，包括 2012 年的 Instagram（分享照片），2014 年的 WhatsApp（传递信息），2014 年的 Oculus（虚拟现实）。2019 年，扎克伯格宣布计划推出加密货币 Libra。

Facebook 经常成为政治、法律、经济、文化和社会辩论的热议话题。它在公共领域的影响力、它对个人数据的使用、它在假新闻传播中的作用和它的内容监管政策经常受到质疑。2018 年 2 月，布鲁塞尔初审法院严厉谴责了这家社交网络巨头不遵守数据保护法的行为。美国则公开了俄罗斯在 Facebook 上制作的广告，指责其影响 2016 年美国总统选举，为唐纳德·特朗普（Donald Trump）的竞选造势。

**Facebook 靠什么生存？**
2017 年，Facebook 的营业额达到约 365 亿美元，净利润为 150 亿美元。大部分收入来自广告商，其次是来自与 Facebook 集成或相关的游戏和应用程序的出版商。

**另请参阅**
▶ 社交网络现象，
第 298—299 页

2011 年 5 月在多维尔举行的八国集团峰会上的马克·扎克伯格。

# 让人喜忧参半的人工智能

人工智能的诞生基于以下假设：人类的思维过程、认知功能可以由非生物体复现。要实现这一假设，就需要神经生物学、神经网络、数学逻辑、算法、哲学、编码等方面的知识。

在 21 世纪的第 2 个 10 年里，人工智能的研究有所突破，带来了第一批主要应用，包括自动驾驶汽车、医疗诊断、个人助理、算法金融、工业或家庭机器人、视频游戏等。

1997 年，IBM 的"深蓝"计算机击败了世界象棋冠军加里·卡斯帕罗夫（Garry Kasparov）。它依靠程序计算取胜，每秒能够运算 2 亿个棋局位置。2017 年，IBM 测试了沃特森（Watson）程序，该程序能够诊断各种癌症并提出个性化的治疗方案。

但是，人工智能也引发了许多担忧。情绪智力（Emotional Intelligence，EI）是心理学家彼得·萨洛维（Peter Salovey）和约翰·梅耶（John Mayer）在 1990 年提出的概念。它指的是识别、理解和控制自己的情绪，以及处理他人情绪的能力。我们能赋予人工智能和人类一样的抽象情感能力吗？

据经济合作与发展组织称，法国 16% 的工作将在 20 年内被机器人和人工智能取代。更有甚者，有其他专家认为，全球范围内将有 30% 的工作被机器人和人工智能取代。试想一下，我们能接受广播或电视节目由机器人主持并连续播报新闻吗？未来的新职业势必要求从业者掌握更先进的技能。

**名人名言**

"人工智能在所有学科领域登堂入室，并带来巨大的改变。它不仅是科学和技术，还可以是一切——经济、培训、伦理、价值观、社会规划、反歧视，以及为促进包容、改善福祉和环境做出贡献。"——《潜移默化：从科学到议会》（*Immersion. De la science au Parlement*），塞德里克·维拉尼（Cédric Villani，菲尔茨奖获得者）著，弗拉马里翁出版社，2019 年，第 113 页。

IBM 的"深蓝"计算机于 1997 年击败了世界象棋冠军加里·卡斯帕罗夫。

**另请参阅**
▶ 带来工业和社会剧变的机器人技术，第 182—183 页
▶ 深度学习与机器学习，第 326—327 页

2005 年
人工智能

2005 年
YouTube

2006 年
Twitter

# YouTube——将全世界汇聚起来的视频网站

　　YouTube 是一个视频托管网站。用户可以向这个网站上传、评价、观看、评论、分享或下载视频。它几乎囊括了所有领域，而且视频质量往往是最佳的，甚至可以在平台上找得到没有商业化的历史讲解视频。

　　YouTube 于 2005 年由史蒂夫·陈（Steve Chen）、查德·赫利（Chad Hurley）和贾韦德·卡里姆（Jawed Karim）创立，3 位创始人都是前贝宝（PayPal）公司员工。最初，他们计划把该平台打造成一个基于视频的约会网站，但在公开发布几天后就放弃了这个想法。YouTube 在 2006 年被谷歌以 16.5 亿美元的价格收购。

　　YouTube 是网络上访问量最大的网站之一。2017 年 2 月，它宣布每天用户观看时长已经超过了 10 亿小时，由几十亿用户贡献，视频累计播放时间超过 10 万年。2017 年，每月有 3700 万法国人访问 YouTube。每 10 个 16 岁至 24 岁的法国年轻人中，有 8 个每天至少看一次 YouTube。每一分钟，就有 400 小时的视频被上传到该网站。

　　用户可以通过成为会员并启用货币化功能，从他们拥有版权并在线发布的视频中获利。如果他的视频播放量很高，他就可以一举成名并且赚取收益。当然，前提是他必须遵守 YouTube 的规则和条例，只发布他拥有完全所有权的视频。一旦一个视频被商业化，就会在其中插入广告，或在视频周围区域显示广告。

**Netflix 现象**

Netflix 与 YouTube 无关，是另一个现象级的网站。Netflix 是一家美国公司，成立于 1997 年，总部位于加利福尼亚州，主营业务是在互联网上提供流媒体电影和电视剧。专家称，2018 年秋季，Netflix 有 1.3 亿用户，贡献了 15% 的互联网流量。据报道，它在一年内赚了 14 亿美元。

YouTube 上可以欣赏最流行的现代音乐和古典音乐的演奏视频。

**另请参阅**

▶ 社交网络现象，第 298—299 页

# Twitter 和微博客

Twitter（非官方中文惯称"推特"）是另一个一经推出就迅速崭露头角的网站。它是一个微博客社交网络，允许其用户免费交换短信息。最初有 140 个字符的限制，后来在 2016 年提升为 280 个字符，使得交流更加流畅。标签，或称哈希标符（hashtag），是一个用 # 表示的符号，当它与一个词或一组词相关联时，可作为对象进行检索。

Twitter 上发布的信息被称为推文。Twitter 创立于 2006 年，创始人为杰克·多尔西（Jack Dorsey）、埃文·威廉姆斯（Evan Williams）、比兹·斯通（Biz Stone）和诺厄·格拉斯（Noah Glass）。它一诞生就迅速流行起来，目前支持 40 多种语言。2017 年，Twitter 披露其用户数超过 3 亿，并首次宣布实现盈利，每天发布的推文量达 5 亿条。

Twitter 使用的词汇非常特殊。关注其他用户的账号被称为订阅者，法语是"abonné"。2012 年，法语中许多相关词被创造出来，除专有名词 Twitter 之外，还出现了"twitt"或"tweet"（推文）、"twitteur"或"twitteuse"（推文发布者），以及"twitter"或"tweeter"（发推文）。

账号的订阅数是衡量受欢迎程度的指标，有时会导致账号间进行数据攀比，即使不是粉丝数最多的人也要获得尽可能多的关注量，甚至购买虚假的粉丝数据……许多名人和政治家经常使用 Twitter，例如，美国前总统唐纳德·特朗普。

这个网站以消息灵通而闻名。最有名的例子当属 2009 年 1 月，在曼哈顿对面的哈得孙河上有一架飞机不幸失事。该事故的第一条相关信息就是在 Twitter 上发布的，比所有的其他渠道都快。

Twitter 的标志是一只名叫拉里（Larry）的小鸟，用以致敬波士顿凯尔特人队的篮球运动员拉里·伯德（Larry Bird）。

**另请参阅**

▶ 社交网络现象，第 298—299 页

人们可以随时随地发布推文。

# Le Bon coin ——法国人的信息网站

Le Bon coin 网站是法国第一个分类信息网站，涉及领域众多，包括车辆、房产、影音、计算机设备、休闲娱乐、度假旅游、各种专业设备、家具家居、DIY、服装及各类服务等。该网站的业务范围不断扩大，还可发布招聘信息，成为重要的求职招聘平台。

该网站由奥利维耶·艾扎克（Olivier Aizac）于 2006 年创建，是《法兰西西部报》的一个分支机构与挪威希布斯泰德出版社合作的结果。2010 年，该网站被希布斯泰德收购。在 Le Bon coin 网站上进行交易都是直接沟通的，并以买卖双方的信任为基础。网站收益来源于付费广告，来自希望提高房源知名度的房地产中介或个人房东。

Le Bon coin 不是独一无二的分类广告网站，还有数以百计的同类网站。最大的是 eBay，此外还有 ParuVendu，Vivastreet，Annonces Jaunes，Iookaz，Topannonces，Se Loger，De Particulier à Particulier，La Centrale，321 Auto，等等。

Le Bon Coin 的基础是卖家和客户之间的相互信任。

2006 年

2007 年

2008 年

Twitter

安卓与 iOS 系统

伽利略卫星导航系统

# 安卓与 iOS 系统

安卓是谷歌免费提供的开源操作系统，市场上大多数智能手机和平板电脑都配备了该操作系统。安卓起初是由安迪·鲁宾（Andy Rubin）领导的一家初创公司设计，于 2005 年被谷歌收购。

自 2007 年起，该系统就可以在 Linux 内核上使用了。2008 年，电话运营商 T-Mobile 在市场上推出了第一款由安卓系统驱动的智能手机，即由宏达电制造的 G1。安卓系统最初是为移动电话、智能手机和触摸式平板电脑开发的，现在正试图变得更加多样化，以连接设备和计算机、电视机、汽车和智能手表等。

不久，安卓系统就完全占据了主导地位，拥有近 80% 的市场份额，而苹果的 iOS 系统只有 20%（2019 年数据）。微软的 Windows Phone 已经完全败下阵来。安卓则不断推陈出新，很别致地用甜点来命名系统的版本。版本越新，代表此版本的甜点尺寸则越大，同时甜点的名称按照 26 个字母的顺序排列（纸杯蛋糕 Cupcake、甜甜圈 Donut、法式夹心饼 Eclair 等）。

安卓的主要竞争对手是苹果的 iOS 操作系统，是一个专有系统。它源自 MacIntosh 电脑的操作系统 macOS，并延续其基本功能。在 2007 年 1 月的 Macworld 会议和展会上，iOS 与第一部 iPhone 携手亮相会场。2008 年，苹果开设了网上商店 App Store，是运行 iOS 的移动设备的应用程序商店。此后，数以百亿计的免费和付费应用程序被下载。

**iOS 和应用程序**
iOS 包括大约 20 个默认可用的应用程序，全部由苹果公司开发。下载应用程序时，平台通过互联网连接提供对 App Store 下载平台的访问。该平台也允许将第三方开发的应用程序添加到设备中，但第三方程序必须经过苹果公司的验证。

**另请参阅**
▶ 增强现实和混合现实，第 338 — 339 页

各种各样的产品以惊人的速度更新换代。

2007 年
安卓与 iOS 系统

2008 年
伽利略卫星导航系统

2009 年
比特币

# 欧洲的伽利略卫星导航系统

美国的全球定位系统（Global Positioning System，GPS）可以说是无人不知，无人不晓。为了防止美国在全球卫星定位领域的垄断，欧洲在 1998 年决定创建自己的卫星定位系统，即伽利略（Galileo）卫星导航系统，由欧盟（European Union，EU）和欧洲航天局开发。

拥有伽利略卫星导航系统接收终端的用户可以获得自己的定位，理论精度为水平 4 米，垂直 8 米。如果想获得更高的精度水平，就需要付费。该系统被广泛用于海上、空中和陆地运输、救援行动、公共工程、石油勘探、农业定位，以及汽车或移动电话的地理定位。

从 1999 年开始的技术准备阶段完成后，伽利略项目于 2008 年正式开始，按照规划系统总共包括 30 颗卫星，其中 6 颗为备用卫星。2011 年和 2012 年陆续发射了前 4 颗卫星，为该地理定位系统的有效性提供验证。首次发射是由俄罗斯"联盟"号运载火箭（Soyouz）在圭亚那空间中心进行的。2016 年 11 月，由欧洲"阿丽亚娜 5ES"号运载火箭又发射了 4 颗卫星，随后又相继发射了其他卫星，截至 2024 年在轨 26 颗卫星。

伽利略卫星导航系统增强了欧盟在这一战略领域的自主权，以应对其他大国的挑战，特别是在军事应用方面。其性能可与美国的全球定位系统、俄罗斯的格洛纳斯系统（Glonass）或中国的北斗系统相媲美。

伽利略GIOVE-A卫星部署。

312

# 比特币——首个加密货币

比特币（bitcoin）是首个被创造出来的加密货币。其中"coin"指硬币，"bit"是"binary digit"（二进制字节）的缩略语。

比特币是一种虚拟货币，只能保存在电脑或智能手机上。它于2008年由中本聪（Satoshi Nakamoto，化名，没有公开任何信息）发明，并于2009年发布。

比特币系统没有中央机构，也没有银行或管理员，而是以分散的方式进行，依靠众多交易者的电脑共同运行。比特币的基本单位被称为区块，通过前后相接形成链式结构，因此这一机制被称为区块链。每个新区块的创建，都要经过验证、加密、记录，这一过程被称为挖矿。

新的比特币由"矿工"发掘并保存，矿工负责执行验证交易。所有交易都在虚拟区块链注册表中得到保护和记录。该注册表是所有交易的唯一存储库，由用户社区以透明和去中心化的方式集体托管和管理。在用户端，每个人有一个自己的电子钱包，包含个人数据，如账户地址、公钥和私钥，可通过电脑或智能手机访问。

比特币的汇率变化巨大，简直像过山车。比特币不是唯一的加密货币，还有其他数百种加密货币，甚至每天都可以创造出新的加密货币。比特币的主要竞争对手是以太币（Ether），由年轻的俄罗斯裔加拿大人维塔利克·布特林（Vitalik Buterin）发明并改进，他发明该货币时只有19岁。同名的以太坊（Ethereum）负责管理与这种货币相关的交易和应用。

**Facebook 的 Libra 加密货币**

2019 年，Facebook 宣布准备推出自己的加密货币，名为 Libra。其创制者马克·扎克伯格邀请 YouTube、Spotify、Visa、PayPal、Free 等大型集团加入 Libra 项目。根据计划，Libra 旨在由一系列货币和证券提供支持。

比特币看起来和真正的硬币一样闪闪发光、叮当作响（对比特币的艺术创作）。

2009 年
比特币

2010 年
三星电子

2010 年
3D 打印

# 三星电子——韩国科技巨头的崛起

韩国的财阀指的是大型综合企业集团，旗下有众多子公司。三星电子成立于 1969 年，是成立于 1938 年的三星集团的一个子公司，是韩国主要的财阀之一。2010 年，按销售额计算，三星电子超越惠普，成为全球最大的科技公司。其市值还超越了英特尔，成为全球最大半导体厂商。2017 年，其营业额达到近 1660 亿美元，超过了 IBM、微软和苹果公司。

三星电子最初是一家大型的电子元件制造商，生产锂离子电池、半导体、集成电路（全球排名第二，仅次于英特尔）、闪存和硬盘。同时，它也为苹果公司、索尼、宏达电和诺基亚提供手机制造发包服务。后来，三星电子实现多元化经营，成了最大的制造商之一，生产移动电话和智能手机（三星 Galaxy）、安卓平板电脑（三星 Galaxy Tab）、介于智能手机和平板之间的跨界平板电脑（三星 Galaxy Note 系列）。三星电子也是领先的显示屏制造商，生产 LCD、LED 和 AMOLED 屏幕，用于电脑、智能手机、电视等设备。该公司还设计了笔记本电脑、微波炉、相机和许多其他电子设备。

2018 年，三星电子发布了一款名为 PM1643 的硬盘，是当时世界上容量最大的固态硬盘，存储容量高达 30TB。它的目标群体不是个人用户，而是未来的新一代数据中心（data center）。

在法国，三星公司在微波炉、移动电话、显示器和平板电脑市场占据领先地位。自 2010 年以来，三星一直是法国智能手机的第一大销售商。

2019 年，三星在纽约时代广场摩天大楼安装了一个面积超过 1000 平方米的巨型 LED 显示屏。

# 法国蓬勃发展的电子商务

电子商务，简称电商，又称网络商业，几乎是与互联网一同诞生的。但直到 2000 年随着数十亿网民接入互联网，电子商务才真正蓬勃发展起来。

法国的迷你终端服务（Minitel）是电子商务的前身。互联网出现后，亚马逊和 eBay 等网站相继出现，法国也推出了 La Redoute 和 Les 3 Suisses 等网上商店。此外，法国还有 PriceMinister.com、Fnac.com、Le Bon coin 等热门网站，它们的出现深刻地改变了人们的生活。

如今，人们可以在互联网上交易一切：文化产品、技术设备、消费品、食品、火车或飞机票等。

根据法国电子商务和远程销售联合会的数据，2018 年法国有 3740 万人选择在线网络购物，总消费金额达 240 亿美元。最受欢迎的前五大购物网站分别是亚马逊、Cdiscount、Vente-privée、Fnac 和 OUI SNCF。

电子商务发展速度迅猛，与其他商业模式形成了激烈的竞争。

# 神奇的 3D 打印

喷墨打印机是通过将细小的墨滴喷到纸张上进行打印，形成图像或文字。三维打印机使用一种特殊液体取代墨水，液体在喷到纸张表面之后立即固化，再重复操作几次，让它叠加成型，就会得到一个三维打印（也称 3D 打印）的作品。

21 世纪初，随着热成型树脂的应用，3D 打印技术得到发展。20 世纪第一个 10 年里，新的打印材料像塑料、蜡、金属（铝、钢、钛）、巴黎石膏、混凝土、陶瓷和玻璃出现了。起初打印所需时间很长，现在则耗时越来越短，打印精度也有所提高。

大多数个人 3D 打印机采用熔融沉积成型（Fused Deposition Modeling，FDM）方法，这是美国斯特拉塔西斯公司于 1988 年发明的一种工艺。还有一种熔融丝制造（Fused Filament Fabrication，FFF）技术，通过将 200℃ 左右熔化的热塑性材料长丝逐层沉积，从而使物体成形。打印头根据 3D 文件指定的 $X$、$Y$ 和 $Z$ 坐标（分别对应长、宽、高）移动。

3D 打印非常适合生产单个或小批量产品，广泛被应用于模型设计、小型工业零件制造、设备和假肢制造，也可以被用于主要工业部门。它的优势在于可以通过按需打印来减少备件的库存积压。

2014 年，中国建筑商盈创（WinSun）在上海用一台巨型 3D 打印机在 24 小时内打印了 10 栋小房屋。2015 年，该公司又在苏州成功地打印了一栋 5 层楼高的建筑。

**3D 打印的心脏原型**

2019 年，以色列特拉维夫大学的研究人员宣布开发了第一个由人类细胞 3D 打印的心脏原型。特拉维夫大学生命科学学院的塔尔·德维尔（Tal Dvir）教授表示，这一成果为器官移植开辟了新的可能性。

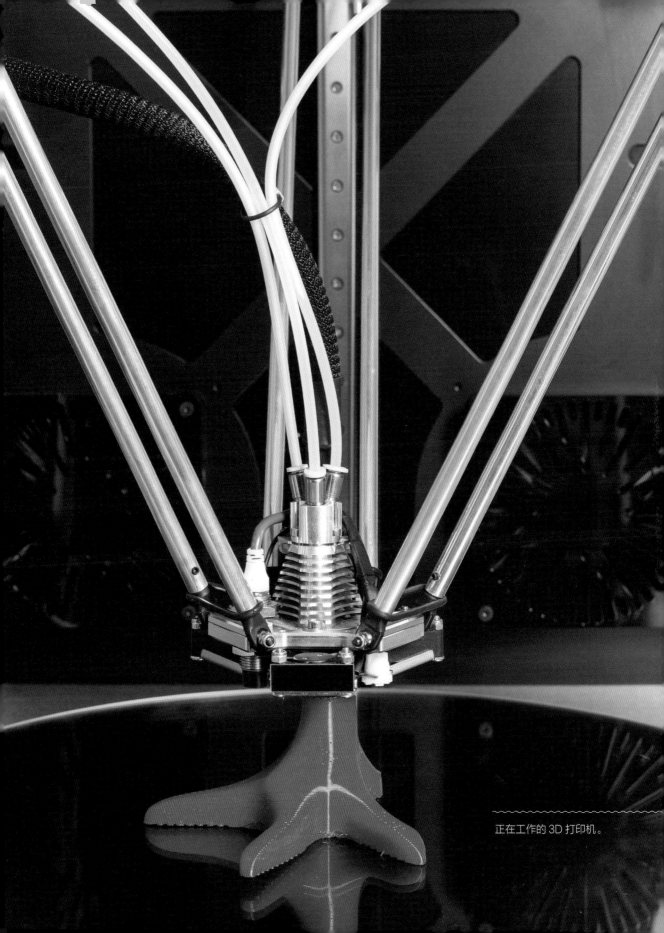

正在工作的 3D 打印机。

# "优步化"——优步对全社会的影响

新的商业活动在信息技术的协同下不断发展，美国的优步（Uber）公司就是一个例子。它起初名为"UberCab"（意为"超级出租车"），业务范围已经扩展到了整个世界，提供出行乘车服务。

优步由加勒特·坎普（Garrett Camp）、奥斯卡·萨拉查（Oscar Salazar）和特拉维斯·卡兰尼克（Travis Kalanick）于 2008 年创立。优步于 2010 年在旧金山推出，适用 iOS 和安卓智能手机。尽管它运营良好，但优步的某些行为却时常引发争议，并面临着公共权力机构和专业人士（自称现行社会、财政和行政法规的维护者）的谴责，他们认为优步促成了不公平竞争和隐瞒了工作失职。因此，优步在全球多个城市和国家被禁止运营。

但优步的影响力仍然广泛，并导致了社会的"优步化"。优步化是指服务提供者与客户直接对接，绕过传统中介，从而降低成本和简化流程。

如果仔细观察优步和优步化有何特点，我们可以注意到，它们的响应速度相当快，因为客户和服务提供者之间的联系是即时的。付款时，客户先向平台支付，平台再支付给服务提供者。最后，客户对服务进行评价，而服务提供者也对客户进行评估，这就提供了更多的保障。

优步化正在影响越来越多的领域，包括酒店业务（爱彼迎、缤客等）、客运业务（法国拼车平台 Blablacar、法国 P2P 租车公司 Drivy 等）、装修维修和个人服务等。

**优步化：扩展到新领域**

优步化还涉足一些意想不到的领域，如能源改造、家庭自动化、法律服务（在律师和诉讼当事人间建立联系）和司法服务。这印证了大型集团在兴趣和投资上的多元化，他们不断寻求开拓新的业务领域。

在智能手机上可以随时随地用优步打车。

# 云计算与云服务

互联网的快速发展推动了云计算飞跃式的进步。对于一个公司来说，云计算可以减少大量计算机的装配，而将其计算需求交付到世界各地的强大服务器上。因此，云计算必须依赖一个强大的通信网络，而这通常是互联网。

购买云计算服务的公司按照需求租用云服务器，通常以统一价格或根据具体的技术标准进行支付。这可能导致用户担心数据的保密性，因为他们不再拥有内部计算机。

这不是人类第一次萌生在更强大的机器上进行远程数据处理的想法。人们先是尝试了网络的形式，然后才发明云端。人们为此发明了可以连接大型计算机的终端，即大型主机。从小型计算机到微型计算机，这些主机作为强大计算单元的配件，被用于构建完整的计算机网络。过去人们制造了简单经济的微型计算机，但这些终端只能通过连接大型计算机进行通信处理。随后，托管公司出现了，他们为客户提供计算服务。

现在，所有的大公司都选择建设自己的基础设施，并投资于云计算服务。随着 2011 年《联邦云计算战略》的出台，美国将云计算全面纳入国家整体发展战略，美国政府成为第一个真正在政府内部广泛应用云计算的国家。

**个人用户的云服务**

个人用户可以利用多种云服务。最著名的包括 Dropbox、谷歌的 Google Drive、苹果公司的 iCloud、微软的 One-Drive、美国的亚马逊 Cloud Drive，以及法国 OVH 旗下的 Hubic。这些服务通常提供 2GB ~ 25GB 的免费存储空间，超出部分则需收取费用。由于美国的相关法规尚不完善，用户对个人云数据的隐私性表示担忧。

由米开朗基罗（Michel-Angelo）绘制的西斯廷教堂天顶画《创世纪》（*The Creation of Adam*），在画面中央，上帝触碰着亚当伸出的手。梵蒂冈博物馆藏。

2011 年
云计算与云服务

2012 年
深度学习

2015 年
虚拟现实

# 深度学习与机器学习

深度学习（deep learning）和机器学习（machine learning）是 21 世纪初出现的新概念，是致力于探索在人工神经网络的帮助下，实现机器自主学习和进化的算法。这些领域的理论基础可以追溯到阿兰·图灵和他在 1936 年提出的"通用机"（universal machine）的概念。

深度学习在面部和语音识别、计算机视觉（模式识别）、自动语言处理、生物医学和生物信息学、安全、教育学、机器人技术等方面取得了惊人的进展，是人工智能领域中一个非常重要的工具。

2011 年，IBM 设计的一台超级计算机在美国一个著名智力竞赛节目中战胜人类选手，获得了冠军。它能理解问题，用自然语言回答，并从一个巨大的数据库中提取答案。2012 年，谷歌大脑项目通过深度学习技术，让机器学会了识别猫并领悟了"猫"这一概念，而系统并没有提前输入猫的特征与概念。那么，机器人能不能在无预设的情况下，自己学会做家务呢？

2015 年 10 月，AlphaGo 人工智能程序在学习了围棋之后，击败了欧洲围棋冠军樊麾（Fan Hui）。

2016 年 3 月，AlphaGo 程序又击败了世界围棋冠军李世石（Lee Sedol）。许多人对人工智能的快速发展表示担忧，认为它会带来潜在的危险。微软创始人比尔·盖茨、英国天体物理学家斯蒂芬·霍金和特斯拉首席执行官埃隆·里夫·马斯克（Elon Reeve Musk）都持此观点。

**图灵奖**

图灵奖被广泛认为是计算机科学领域的"诺贝尔奖"。2019 年 3 月，美国计算机协会（ACM）将图灵奖授予法国人杨立昆（Yann LeCun，Facebook 首席人工智能科学家）、加拿大人约书亚·本吉奥（Yoshua Bengio，魁北克人工智能研究所主任）和英国人杰弗里·辛顿（Geoffrey Hinton，谷歌研究主管），以表彰他们在人工智能和机器学习领域的开创性工作。

**另请参阅**
▶ 人工智能，第 302—303 页

2017 年，Libratus 扑克程序与人类顶尖的扑克高手同台竞技，经过 12 万手牌的比赛获得了胜利。

2012 年

深度学习

2015 年

虚拟现实

2015 年

人脸识别

# 非凡的虚拟现实技术

虚拟现实（virtual Reality，VR）是一种利用软件模拟创建虚拟世界的计算机技术。它的独特之处在于用户可以和虚拟环境进行互动。虚拟环境可以是对现实世界的模拟，也可以是一个完全虚构的世界。为此，用户需要佩戴特殊的眼镜或头戴设备。这样的体验以视觉为主，但也包括触觉、听觉和嗅觉。如果用户配备手套或特定服装，还可以有更多的感官体验，如打击、冲击。这些多感官的体验深受游戏用户的欢迎。

20 世纪 90 年代，在日本世嘉公司的推动下，虚拟现实开始应用于视频游戏中。玩家必须戴上一个头盔，以实现头部动作反馈。随后出现了《维特里》（Virtuality）游戏，玩家可戴上头盔和特殊手套畅玩。

2014 年，Facebook 收购了 Oculus VR 公司，该公司自 2011 年就致力于开发一款名为 Oculus Rift 的虚拟现实头盔。2015 年，三星推出了一款虚拟现实头盔 Gear VR。从 2015 年到 2018 年，虚拟现实市场欣欣向荣，推出了十几个价格低廉的虚拟现实头盔，吸引了 Facebook、谷歌、三星、索尼等大公司投资此产品的开发。

虚拟现实的主要市场是游戏，除此之外还应用于教育、培训、通信、媒体、军事、法律、工业、建筑、文化、信息技术等领域。例如，在 2017 年年底，巴黎自然历史博物馆推出了一场名为"进化之旅"的虚拟现实沉浸式展览。

**另请参阅**
▶ 增强现实和混合现实，第 338—339 页

虚拟现实眼罩。

# 越来越受到关注的空间天气

　　空间天气指的是太阳活动对地球环境的影响。极光是空间天气中最壮观的自然现象。

　　太阳上出现的耀斑和日冕物质抛射对地球的影响可能是毁灭性的。1989 年 3 月，一场太阳风暴使魁北克省的电网瘫痪，600 万人陷入黑暗，造成约 90 亿美元损失。2003 年 10 月，太阳活动导致约 30 个卫星失去供电。2017 年 9 月，太阳活动阻断了长距离无线电传输。被日冕物质抛射影响的 GPS 系统提供了错误的信息，导致了严重的后果。

　　法国人皮埃尔·兰托斯（Pierre Lantos）首先认识到了太阳活动对空勤人员的威胁。另一位法国人让·利伦斯滕（Jean Lilensten）在欧洲主持构建了空间天气学科，他来自格勒诺布尔 IPAG 商学院。从 2015 年起，主流媒体开始普及空间天气这门新兴科学。

极光。

2015 年

2015 年

2015 年

虚拟现实

人脸识别

"中国制造"计划

# 人脸识别技术——走进广泛应用的时代

像录入设备的数字指纹一样,每个人的脸部特征也是独一无二的。人脸识别是通过辨认脸部特征自动识别人的技术,利用相机、电脑或智能手机,通过识别算法的软件来完成。

人脸识别的应用范围越来越广,包括视频监控、生物识别、无收银员商店支付(如亚马逊)、图像和视频索引、基于内容的图像搜索,以及犯罪学等领域。

日本学者金出武雄(Takeo Kanade)是其中最早尝试人脸识别技术的研究人员之一,他于 1973 年在京都大学的博士论文中探讨了这一技术。

谷歌于 2015 年提出的 FaceNet 模型在多个数据库里实现了人脸识别准确率 99.63%。全球许多科技巨头如 Facebook、Google、Apple 和 Microsoft 都在研究并使用了人脸识别技术。在中国,阿里巴巴、腾讯和百度等公司也在应用该技术。然而这项技术也引发了人们对个人隐私可能被侵犯的严重担忧。

2018 年,中国的人工智能软件公司商汤科技成为人工智能领域的领先者。这是一家由麻省理工学院毕业生于 2014 年创立的公司,走在人脸识别领域的前沿。它向中国领先的智能手机供应商华为、OPPO、小米和 vivo 提供人脸识别技术。如果一个人使用的是华为智能手机,那么他的人脸数据很可能已经储存在商汤科技的巨大数据库中了。

人脸识别技术正在扩展到环境领域,也逐渐用于工业和社会监控,但这引起了人们的担忧。因此,在 2019 年 5 月,旧金山市通过了一项法令,禁止警察和其他市政部门对其居民使用人脸识别技术。

**有趣的应用案例**

假如你遇到一个熟人,却记不起他是谁时,你可以将智能手机的摄像头对准他,便可立即获得你需要的所有信息。这款应用由英国公司 Blippar 于 2016 年开发。一些城市为了打击行人乱穿马路的行为,使用人脸识别技术来识别违规的人,并在屏幕上曝光他们的照片作为惩罚,以引起公众的关注。

人脸识别中的数个平面化坐标。

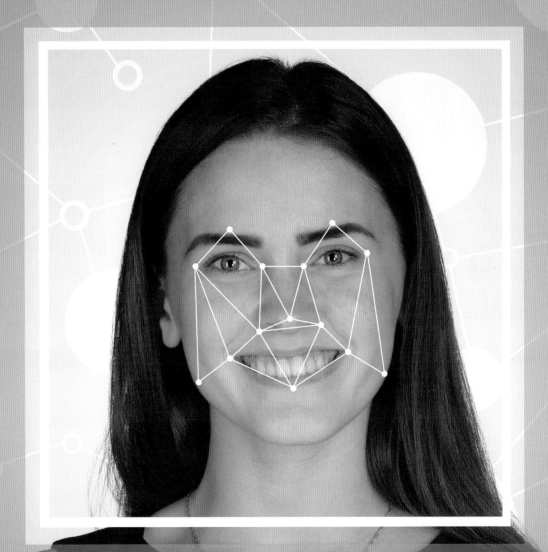

01000101101001010010100100
01000100100001111010
11010101011001000001001101
10001110101100110010011000101
0101011011100
00001011101000001001100100

## IDENTIFICATION DATA

NAME:

PASSWORD:

01000101101001010010010010100100
01000100100001111010
11010101011001000001001101
10001110101100110010011000101
01010110100
0000101110100

# 中国制造引领潮流

2015 年，中国推出了雄心勃勃的"中国制造 2025"计划，目标是成为全球领先的制造强国。中国正致力于成为人工智能、云计算、电动汽车、机器人等领域的先锋。

2018 年 1 月 26 日，国家制造强国建设战略咨询委员会发布了《中国制造 2025》重点领域技术创新路线图。该路线图围绕经济社会发展和国家安全重大需求，聚焦十大优势和战略产业，力争到 2025 年实现国际领先地位或国际先进水平的目标。

中国是世界智能手机的生产中心。一方面，中国承接了一些分包业务，比如苹果公司的 iPhone 就是由深圳的富士康生产的。另一方面，中国的公司大力推出自己的原创产品，如华为、小米、荣耀、联想、OPPO、魅族等。

中国在关键零部件领域同样追求卓越。3 家中国制造商正计划发展集成存储器产品，并且力求在全球市场上占据一席之地。它们分别是合肥睿力集成电路有限公司（Innotron Memory）、福建省晋华集成电路有限公司（JHICC）和长江存储科技有限责任公司（YMTC）。2016 年，长江存储科技有限责任公司在武汉启动了一个巨型内存工厂的建设项目，4 年内计划投资 240 亿美元，创下了有史以来微芯片工厂的最高投资纪录。

2017 年，中国申请了近 5 万项专利，美国申请了 5.6 万项，而法国则申请了 8000 项。从地域上来看，在中国，深圳的专利申请数量位居首位。许多大型集团在那里设立了分支机构，包括微软、苹果公司、空客等。法国帕罗公司也在那里研发其著名的无人机。

2019 年 2 月，中国宣布计划把太阳能发电站送入太空，在轨收集太阳能，并通过微波或强力激光束将能量传回地球。

平安塔，高 599 米，矗立
于拥有 2200 多家公司的
高科技之都深圳。

2015年
"中国制造"计划

2017年
家庭机器人

2017年
增强现实和混合现实

# 种类繁多的家庭机器人

新一代的多功能机器人出现了，它们就是家用机器人。它们的功能主要是安保、通信、通知、控制联网设备、语音协助。家用机器人通过深度学习，即人工智能进行训练。它们与云端连接，并能自行适应环境。

2017年，市面上出现了很多家用机器人产品。例如，Kuri，加州梅菲尔德机器人公司推出的一款移动家庭助理。Kuri高50厘米，重6千克，能探知背景和周围环境，并能识别特定的人。还有一些其他机器人产品，如LG Hub机器人。它可以控制吸尘器、洗衣机、割草机、烤箱、冰箱和其他任何已连接的设备，还可以通知提醒，并通过智能手机个性化地迎接每个家庭成员。此外，还有日本愉快工程公司设计的智能猫Qoobo。它毛茸茸的，配有尾巴，能像动物一样打呼噜。松下也有一款桌面伴侣机器人，能够基于人工智能进行自然语言处理。华硕的Zenbo机器人则能够提供协助、娱乐和陪伴。另外还有比亚乔的购物伴侣Gita，它能够陪伴主人逛街，搬运最重可达20千克的物品。

人工智能机器人中还有一种特殊的类别——性爱机器人，或称性爱娃娃。心理学家、精神病学家、医生和哲学家们都在探讨这类机器人背后的社会意义。

智能机器人在主人外出时给狗喂食。

# 增强现实和混合现实

2017 年，苹果推出 ARkit 工具，微软推出 MR 硬件，使得增强现实和混合现实备受关注。增强现实（Augmented Reality，AR）将现实世界与计算机数据相结合。与虚拟现实不同，它不再是一个完全想象的世界。增强现实有一个简单的应用例子：仓库工人只需要佩戴 AR 眼镜看看库存的零件，眼镜上就能显示他应该把该零件送到哪个车间。尽管仍处于起步阶段，增强现实的应用已经涉及多个领域，例如，在工业设计、维护和管理、飞行员、机器人、影像研究、医疗（手术辅助）、教育、营销、包装信息、新闻、视频游戏、继续教育等领域。

首个增强现实应用是由法国公司 Total Immersion 开发的。2008 年 4 月，该公司在法国普瓦捷市附近的观测未来主题公园的"未来的动物"景点中设置了增强现实体验。

增强现实通常需要使用特殊的视频眼镜，内外都配备有小型摄像机，通过移动处理器将视频图像传输到眼镜内部的两个液晶显示器上。当连接到智能手机或计算机时，眼镜将计算机数据与现场拍摄的内容相结合，将计算机生成的虚拟图像叠加到现实场景中。

此外，空客集团在 2019 年推广的混合现实技术实现了进一步的突破。空客的这一技术基于微软的 HoloLens 2 技术，以三维全息图的形式呈现数字信息，用全息图投射到现实世界。用户可以像操纵实物一样操作这些全息图。此外，该设备可以追踪眼球，能够确定用户的视线焦点。

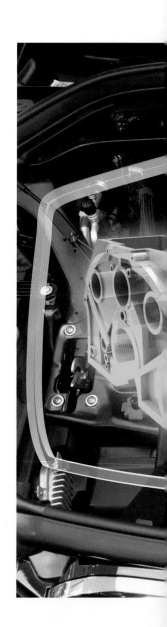

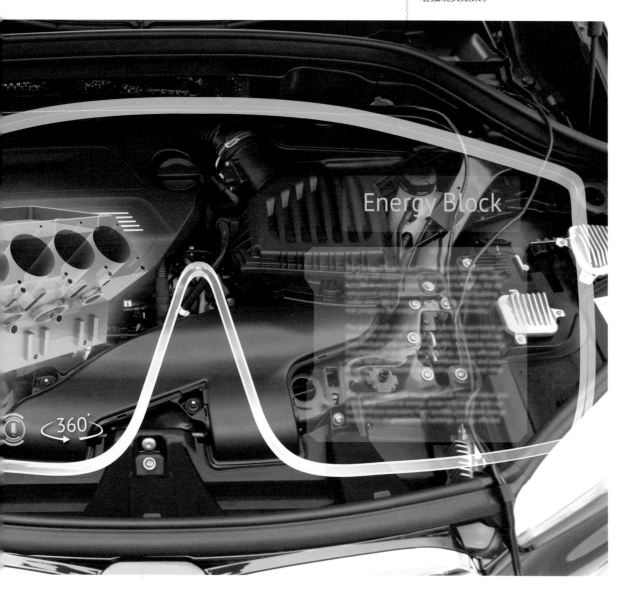

透过特殊眼镜才能看到的
增强现实效果。

2017 年
增强现实和混合现实

2018 年
自动驾驶汽车

2018 年
智能音箱

# 自动驾驶汽车

自动驾驶汽车必须能够在没有驾驶员干预的情况下在真实的开放道路上行驶，为此，需要集成电子技术、机器人技术和人工智能技术。所有的汽车制造商都在致力于开发自动驾驶汽车，例如，谷歌、优步、特斯拉和马斯克创立的脑机接口公司 Neuralink。这个领域发展前景被广泛看好，因此也吸引了其他众多企业。

自动驾驶被定义为几个级别，手动驾驶是 0 级，最高的是 5 级，相当于在所有类型的道路上完全自动驾驶。

第一次自动驾驶试验可以追溯到 1977 年，日本筑波机器人实验室让一辆自动汽车自动行驶，其行驶轨迹则是通过识别地面标记来实现的（就像公司的系统引导卡车一样）。随后还进行了许多其他实验，第一批能够处理路况的智能系统直到 2000 年才出现。这些测试车辆配备了雷达、照相机、超声波传感器、激光雷达（激光遥测）、激光扫描仪……总之，配有一整套先进设备，并集成了管理、算法和人工智能程序。

2009 年，谷歌的自动驾驶汽车项目开始起步。最初，模型车使用的是现有的车辆，如丰田普锐斯或雷克萨斯 RX 450 h。随后，谷歌选择了设计自己的原型车，于 2014 年进行了初步测试，并于 2018 年在美国亚利桑那州凤凰城开启了 600 辆无人驾驶汽车的全面测试。

2016 年和 2018 年，巴黎公共交通公司（RATP）先后在万森森林周围和法国原子能委员会埃松省萨克雷园区测试了无人驾驶班车，该车由法国图卢兹智慧交通初创公司 Easymile 设计。此外，纳维亚公司的机器人出租车也在里昂和巴黎的拉德芳斯商业区试运行。这些只是世界各地正在进行的无人驾驶试验的一小部分。

**另请参阅**
▶ 人工智能，第 302—303 页

自动无人驾驶汽车车窗上显示实时信息。

2018 年
自动驾驶汽车

2018 年
智能音箱

2018 年
SpaceX

# 智能音箱——智能化的必经之路？

传统的人机交互设备如键盘、鼠标和触摸屏并不能完全满足用户便捷使用的需求。相比之下，用语音来控制各种设备就显得更为便捷，但这必须依赖于人工智能技术。基于这样的需求，2018 年联网音箱面世了。

联网音箱也被称为智能音箱，是一个集成了话筒和音箱的设备，通过 Wi-Fi 或蓝牙与主站和云端连接。它搭载一个人工智能虚拟助手，用户可以与音箱互动，用自然语言询问千奇百怪的问题，并听取人工智能给出的答案。

亚马逊有一款智能音箱 Echo，它通过网络连接到基于云的人工智能语音服务 Alexa 上。这样，用户可通过语音指令让音箱播放音乐、操控电视、调节温度、拨打电话、设置闹钟、播放天气预报、管理待办事项和购物清单、播放有声书、下订单等。它可以在亚马逊音乐、Deezer、Spotify 或其他音乐网站根据用户需求查询曲目、艺术家作品或音乐流派，用户就能立刻享受到想听的音乐。用户还可以用它收听广播节目。除此之外，它还可以控制具备联网功能的电灯、开关或恒温器。

亚马逊的 Echo 智能音箱于 2014 年问世。2018 年，它的主要竞争对手有两个，分别是 2016 年推出的谷歌 Home，配备谷歌助手，以及 2017 年推出的苹果 HomePod，集成了智能个人助理 Siri。激活智能音箱都需要设定一个关键词，比如"Alexa""OK Google"或"Hey Siri"。

**隐私和安全**

安装在家中的联网音箱每时每刻都在"聆听"人们所说的话，并将其传输至云端。然而，它只在听到激活关键词时才会有所反应。亚马逊的 Echo 就配备了 7 个麦克风，无论你在房间里的什么地方，它都能听到你的话语。那么，我们怎么知道对话不会被记录并用于其他目的？这将带来什么后果？

智能音箱是 2018 年度的热门产品。

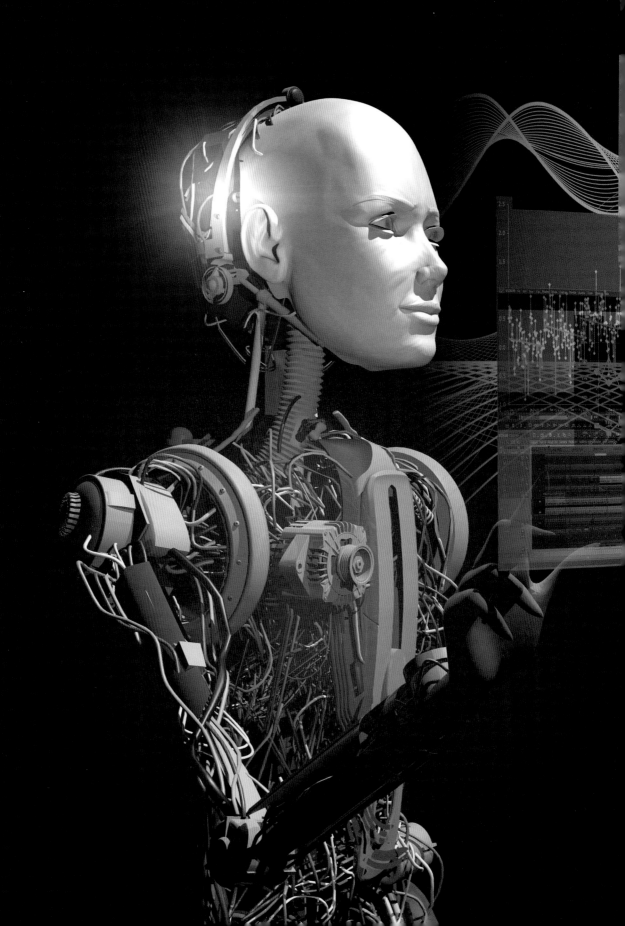

# 能模仿人类对话的聊天机器人

聊天机器人（chatbot）一词来自"聊天"（"chat"）和"机器人"（"robot"）两个词。它的法语译名是对话代理或虚拟助理。聊天机器人的功能在于尽可能自然和智能地模仿人类对话。

麻省理工学院的约瑟夫·维森鲍姆（Joseph Weizenbaum）在1961年创造了第一个聊天机器人程序Eliza。它模拟了一个心理治疗师，一些受试者误以为它是真人。

这些应用最初是实用程序，后被商业化，并且有迅速发展的潜力。2016年，广告商开始借助对话式体验来吸引顾客。

同年，在一次实验中微软不幸成为受害者。其开发的聊天机器人Tay遭到了恶意攻击，导致与服务器的连接被切断。几天后，攻击者利用对话程序端口散布侮辱性和种族主义言论。

智能聊天机器人的艺术形象。

2018年　　　　　　　　　　2018年　　　　　　　　　2021年

智能音箱　　　　　　　　　SpaceX　　　　　　　虚拟现实与元宇宙

# 埃隆·马斯克和他的 SpaceX

2018年2月，埃隆·马斯克创立的美国公司 SpaceX 从佛罗里达州卡纳维拉尔角（Cap Canaveral）发射了猎鹰重型火箭（Falcon Heavy），为征服火星奠定了基础。同年5月，SpaceX 成功发射了"猎鹰9号"火箭（Falcon 9）的最终版本，为日后的载人飞行任务做好准备。这款新一代的可回收火箭，可以重复使用10次，每次发射后只需进行基础维护。该火箭是继阿波罗计划的"土星5号"（Saturn V）之后的最强火箭，正在用其极低的造价冲击着原有稳定的市场。

埃隆·里夫·马斯克是一个富有远见、热爱冒险的人。他是一名南非裔工程师，于2002年入籍美国，定居洛杉矶。2000年，他收购了在线支付公司贝宝，并在2002年以15亿美元的价格将其出售给 eBay。同年，他成立了 SpaceX 公司，目标是设计出一款新火箭，大大降低将卫星送入轨道的成本，并期待以此来发展太空旅游。

随后，马斯克于2003年成立了特斯拉公司，致力于生产自动驾驶汽车。他设想了一个名为"超级环路列车"的高速运输系统，主体是一种双层管道，乘客或货物通过管道中的胶囊列车移动。但马斯克的野心还不止于此。

2015年12月，他宣布成立 OpenAI 人工智能中心，旨在"造福全人类"。2016年，他成立了初创公司"神经连接"（Neurolink），旨在连接人类大脑与集成电路，实现人类和人工智能的融合。截至2017年1月，马斯克的财富约为210亿美元，这使他成为当时世界上最富有的人之一。

SpaceX 的火箭发射场景。

2018 年

2021 年

2022 年

SpaceX

虚拟现实与元宇宙

北斗卫星导航系统

# 虚拟现实与元宇宙

2021 年，美国 Facebook 的首席执行官马克·扎克伯格将自己的公司更名为"Meta"，而 Meta 这个新名称源自 Metaverse，大家称其为元宇宙。其技术基础是虚拟现实（VR）和增强现实（AR）及其应用。元宇宙指一个共享的、持久的虚拟空间，由多个三维虚拟空间构成，可以通过互联网访问。虚拟空间与物理空间共存，并相互作用。

与虚拟现实（VR）明确的定义相比，元宇宙的概念则比较模糊和广泛。不同的科技公司对元宇宙的描述和理解是不同的，例如，微软将其描述为一个由人、地点和事物的数字化身组成的持久数字空间。

元宇宙相关的应用也在不断扩大，包括游戏、社交、工作、教育等多个领域。

2021 年也被大家称为"元宇宙元年"，是当年科技界、产业界和投资界的热门话题。

艺术手法表现的元宇宙。

2021年

2022年

2023年

虚拟现实与元宇宙

北斗卫星导航系统

大语言模型与生成式人工智能

# 北斗卫星导航系统

2022 年，国际搜救卫星组织第 67 届公开理事会召开。大会开幕式上正式宣布中国政府与 COSPAS-SARSAT 四个理事国完成《北斗系统加入国际中轨道卫星搜救系统合作意向声明》的签署，标志着中国的北斗系统正式加入国际中轨道卫星搜救系统。

北斗卫星导航系统（BeiDou Navigation Satellite System，BDS），又称为 COMPASS，是中国研制的全球卫星导航系统。最初，北斗卫星导航系统主要提供中国及其邻近地区的服务，后来扩展到为全球用户提供服务。北斗卫星导航系统旨在实现高精度、高可靠性的定位、导航和授时服务，以满足不同领域用户的需求。

北斗卫星导航系统包括空间段、地面段和用户段三个基本组成部分。空间段主要由卫星组成，地面段包括控制中心和监测站等，而用户段则是指使用北斗卫星导航系统的各种接收设备。北斗系统的发展特色在于其独特的技术路线和创新应用，例如，短报文通信能力，这是其他卫星导航系统不具备的功能。

北斗卫星导航系统在多个领域都有广泛的应用，包括交通运输、海洋渔业、气象监测、地质勘探、森林防火、时间服务等。北斗卫星导航系统在 2022 年国际合作方面也取得了显著成果，得到国际组织的认可，与多个国家和国际组织开展了合作。

中国的北斗卫星。

2022年

北斗卫星导航系统

2023年

大语言模型与生成式人工智能

2024年

人工智能芯片与算力

# 大语言模型与生成式人工智能

　　LLMs（Large Language Models，大语言模型）是人工智能发展的重要里程碑。

　　语言模型是一种数学模型，用于对人类语言进行建模。大语言模型则是基于自然语言处理（NLP）和超过 1000 亿个不同参数的人工智能训练模型，被广泛运用在了搜索、推荐、智能对话、智能机器交互、文本生成等语言类的自然语言技术处理上。

　　在 ChatGPT-3.5 的基础上，OpenAI 在 2023 年推出了 GPT-4。GPT-4 在多个方面表现出了显著的性能提升，包括更强的上下文理解能力、更出色的逻辑和推理能力、新增的图片处理能力、更高的专业水平和更广泛的多语言支持。

　　Google 同年推出了 Gemini，一种原生多模态 AI 模型。它能够理解和生成不同模态的数据，例如，文本、图像和声音，在处理多种类型的信息时具有更大的灵活性和创造力，特别是在多模态交互和理解方面。

　　同年百度推出的人工智能大语言模型"文心一言"，是知识增强大语言模型，它能够与人进行对话互动，回答问题，并协助创作内容。这种模型的设计旨在高效便捷地帮助人们获取信息、知识和灵感。文心一言具备跨模态、跨语言的深度语义理解和生成能力，它不仅能够处理文本信息，还能够理解和生成其他类型的内容，如图像或音频。

　　科大讯飞同年推出的星火大模型，是一种双模态多任务模型，能够处理文本和图像输入，完成多模理解、多模生成和多模交互等任务。这种模型的设计使其在多媒体处理方面具有优势，能够更好地理解和生成多种类型的内容。

人工智能机器人脸和未来的 GUI 屏幕。

# 人工智能芯片与算力

2024 年，英伟达（NVIDIA）推出 GB200 推理芯片，这款芯片将专门用于 AI 推理任务，可能提供更高的能效比和推理性能。

人工智能芯片是专门为人工智能应用设计和优化的一类芯片，它在处理 AI 算法和任务时具有更高的效率和性能。与传统的通用处理器像 CPU 相比，AI 芯片能够提供更高的算力和更低的功耗，这对于支持复杂的 AI 模型和大规模的数据处理至关重要。

人工智能芯片是人工智能算力的关键硬件基础，是各国高度关注的高技术。

人工智能有三大基础，即数据、算法和算力。人工智能计算与传统的计算不同，除了一般的通用计算，需要智能算力，比如需要 GPU、FPGA、AI 芯片完成的并行处理和模式识别任务。人工智能算力成为人工智能发展的核心支撑。

人工智能算力提升概念图。

# 小 结

————————→

科学、技术及其应用的发展速度越来越快，引发了一系列的深刻变革。新职业正陆续出现，将从根本上改变我们的产业和社会结构。人们必须具备越来越多的知识，而非技术性的劳动也越来越少。这一切既满载着希望，同时也充满了恐惧，尤其是社会机器人化和人工智能发展以后。

此外，互联网已经彻底改变了我们理解世界的方式，这时常也让我们感到疑惑。我们不禁要问网络行为是否凌驾于法律之上？它们是否成了法外之地？从事新技术和网络开发的公司所进行的企业行为是否合规？它们是否在公平竞争？网络上的虚假信息和诽谤言论是否应该受到限制？个人数据是否在未经当事人同意的情况下被滥用？隐私还存在吗？是否可以通过互联网扰乱社会秩序？恐怖主义和仇恨言论是否应该在网络上受到限制？网络是中立的吗？所有这些问题需要明确的答案，并且可能还要通过立法来加以规范。然而，这一切还任重道远。

全球通信网络概念图。

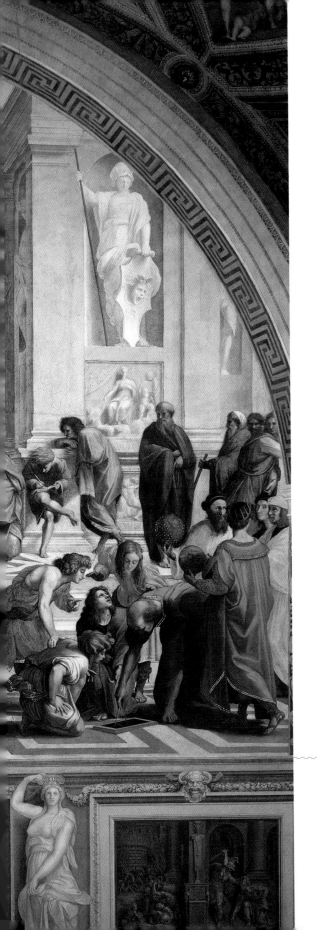

# 结　语

→

　　我们的社会正处在数字革命带来的深刻变革之中。这场变革并非一蹴而就，究其根源可以追溯到约 3000 年前，当时中国人形成了二进制思想，标志着我们踏上了数字革命的征途。普罗大众、研究人员、物理学家凭借强烈的好奇心，不断推动数字革命的进程。众所周知，许多发现或发明起初未得到关注，它们的重要性往往在很久以后才被人们所认识。

　　科学必须为人类服务，也必须为教育服务。年轻一代应该更加积极主动地学习科学知识。我们也希望在计算机科学和电子学、机器人和人工智能领域看到更多女性的身影，许多女科技工作者已经为我们做出了很好的榜样。教育和研究是对未来的最好投资。科学的未来是如此广阔，连未来学家都难以想象，但科幻小说家却会一直探索，勇往直前。

《雅典学院》(The School of Athens) 壁画。中间是柏拉图和亚里士多德。坐在台阶上的是第欧根尼(Diogène)。拉斐尔(Raphaël)绘，梵蒂冈博物馆藏。

研究是对未来的最好投资。

# 图片来源

以下页码图片由 De Boeck Supérieur 出版社授权：

第 9 页、第 15 页、第 24 页、第 32 页—第 33 页、第 54 页、第 55 页、第 73 页、第 74 页—第 75 页、第 103 页、第 105 页、第 109 页、第 110 页—第 111 页、第 135 页、第 155 页、第 164 页—第 165 页、第 170 页—第 171 页、第 175 页、第 176 页、第 177 页、第 182 页、第 188 页、第 189 页、第 191 页

以下页码图片由中国卫星导航系统管理办公室学术交流中心授权：

第 351 页

其余页码图片来自汉华易美视觉科技有限公司。

艺术家设想的全球电信网络。

# 译者后记

数字革命在当代对我们的生活产生了重大影响，它与蒸汽革命、电气革命一样改变了人类的发展轨迹。每一次信息科技的突破和进步都具有深远的意义，它们对我国数字生产力的创新和增长起到了至关重要的推动作用。随着数字、信息、计算机、无线通信、人工智能成为人们生活的一部分，无论是专业人士还是普罗大众，有必要了解和探究数字革命如何深刻地改变社会，以及其在全球化过程中发挥着的决定性作用。

作者亨利·利伦有多部和信息技术相关的优秀科普作品，始终围绕现代科技为广大读者做出通俗易懂的解读。这本《数字革命史》以时间为叙事顺序，又以技术发展为脉络，梳理了第三次工业革命以来的科技变革，包括重要事件、关键人物、重大发现和发明，等等。本书并非专业教材，而是适合大众读者阅读的科普读物。书中既有关于数字革命发展历史的讲述，也有对数字革命未来发展的展望，富有启发性。通过梳理数字科技的进步规律，启发今天科技创新的思维与实践。

译者接手这本书的翻译时，十分兴奋，其一是因为译者长期从事法国研究，能够有机会将法国著名科普作家亨利·利伦的书翻译介绍给中国读者；其二是由于工作的关系，经常和众多优秀的法国科技工作者共事，此书的翻译工作能加强和他们的交流。

初翻本书时，译者就被原著短小精炼的篇章、生动的版面编排和精美的图片所吸引，欲罢不能。但在斟酌文字的过程中，也对翻译的难度之高始料未及。专有名词和人名众多，需要多方查证才能确证译文的准确无误。法语和中文的惯常用语有时并不能完全一一对应，经常要在忠实原文和符合中文语法之间斟酌良久。在翻译本书的过程中，译者就翻译的可读性和翻译风格等做了深入地探讨。整个翻译过程也是译者自我学习与不断成长的过程。

本书的出版得到了许多专家和老师的帮助，在此感谢北京航空航天大学计算机、电子等专业的同事及法国科技专家的帮助，他们对本书的翻译提出了很多有价值的建议，为译文的科学性与准确性提供了保障。另外，衷心感谢本书的责任编辑老师，她们丰富的科技史知识和严谨的工作态度都使我受益匪浅，近乎日日探讨与切磋，方得定案。

由于译者水平有限，对本书的翻译难免存在不足之处，恳请读者予以批评指正。

光伏太阳能电池板。

**图书在版编目（CIP）数据**

数字革命史 /（法）亨利·利伦著；萨日娜，刘薇
译. -- 北京：中国科学技术出版社，2024.11
ISBN 978-7-5236-0726-8

Ⅰ.①数… Ⅱ.①亨… ②萨… ③刘… Ⅲ.①数字技
术 – 技术史 – 世界 Ⅳ.① TP3-091

中国国家版本馆 CIP 数据核字（2024）第 090166 号

La belle histoire des révolutions numériques
Henri Lilen
© De Boeck Supérieur s.a.- 1ᵉ édition 2019
Simplified Chinese Edition arranged through BiMot Culture, France
本书简体中文版由 De Boeck Supérieur s.a. 授权中国科学技术出版社在中国大陆
地区独家出版、发行。未经出版者书面许可，不得以任何方式复制、节录本书
中任何内容。
此出版项目由比利时瓦隆 – 布鲁塞尔国际关系署（WBI）支持出版。
This project has received support from Wallonie-Brussels International (WBI).

**北京市版权局著作权合同登记　图字：01-2024-1854**

| | | |
|---|---|---|
| 策划编辑 | 周少敏　孙红霞　李惠兴 | |
| 责任编辑 | 孙红霞　杨　洋 | |
| 封面设计 | 麦莫瑞文化 | |
| 正文设计 | 中文天地 | |
| 责任校对 | 吕传新 | |
| 责任印制 | 马宇晨 | |

| | | |
|---|---|---|
| 出　　版 | 中国科学技术出版社 | |
| 发　　行 | 中国科学技术出版社有限公司 | |
| 地　　址 | 北京市海淀区中关村南大街 16 号 | |
| 邮　　编 | 100081 | |
| 发行电话 | 010-62173865 | |
| 传　　真 | 010-62173081 | |
| 网　　址 | http://www.cspbooks.com.cn | |

| | | |
|---|---|---|
| 开　　本 | 710mm×1000mm　1/16 | |
| 字　　数 | 335 千字 | |
| 印　　张 | 23.5 | |
| 版　　次 | 2024 年 11 月第 1 版 | |
| 印　　次 | 2024 年 11 月第 1 次印刷 | |
| 印　　刷 | 北京顶佳世纪印刷有限公司 | |
| 书　　号 | ISBN 978-7-5236-0726-8 / TP·484 | |
| 定　　价 | 118.00 元 | |